"十四五"时期
国家重点出版物
出版专项规划项目

新时代公园城市建设探索与实践系列丛书

公园城市

建设中的动物多样性保护与恢复提升

胡慧建
方小山

主编

U0300636

中国城市出版社

新时代公园城市建设探索与实践系列丛书编委会

顾问专家：仇保兴　国际欧亚科学院院士、
　　　　　　　　　　住房和城乡建设部原副部长
　　　　　　　李如生　住房和城乡建设部总工程师、
　　　　　　　　　　中国风景园林学会理事长
　　　　　　　吴志强　中国工程院院士、同济大学原副校长
　　　　　　　潘家华　中国社会科学院学部委员
　　　　　　　周宏春　国务院发展研究中心研究员
　　　　　　　李　雄　北京林业大学副校长、教授
主　　　任：王香春　贾建中　刘佳福　赵文斌
副 主 任：李炜民　胡慧建　韩丽莉　谢晓英　王忠杰
　　　　　　　张亚红　贾　虎　陈明坤　秦　飞　成玉宁
　　　　　　　田永英　蔡文婷　张宝鑫　戚智勇　方小山
　　　　　　　孙　莉　王　斌　刘　颂　毕庆泗　王磐岩
　　　　　　　付彦荣　张　琰　李　光　杨　龙　孙艳芝
编　　　委（按照姓氏笔画排序）：
　　　　　　　丁　鸽　王　钰　王月宾　王文奎　王伟军
　　　　　　　王向荣　王志强　王秋娟　王瑞琦　王嗣禹
　　　　　　　方　岩　石春力　石继渝　冯永军　刘艳梅
　　　　　　　刘晓明　祁有祥　许自力　阮　琳　李方正
　　　　　　　李延明　李旭冉　李俊霞　杨念东　杨振华

吴　杰　吴　剑　吴克军　吴锦华　言　华
张清彦　陈　艳　林志斌　欧阳底梅　周建华
赵御龙　饶　毅　袁　琳　袁旸洋　徐　剑
郭建梅　梁健超　董　彬　蒋凌燕　韩　笑
傅　晗　强　健　瞿　志

组织编写单位：中国城市建设研究院有限公司

中国风景园林学会

中国公园协会

本书编委会

主　　编：胡慧建　方小山

副 主 编：梁健超　许自力　邱衍庆

参编人员：陈　武　陈周涵　杜　勇　范存祥

　　　　　胡一鸣　黄志文　姜　杰　柯培峰

　　　　　李　斌　李爱英　廖玉菁　林敏仪

　　　　　林寿明　林尚江峰　林宜舟　林志斌

　　　　　刘　爽　刘曦庆　刘源志弘　陆倩莹

　　　　　牛丞禹　彭仕明　王　姣　王璐瑶

　　　　　王艺锦　王雨佳　吴任之　徐玉萍

　　　　　杨锡涛　袁　莉　袁倩敏　于冬梅

　　　　　张春兰　张春霞　张梦蝶　张琼悦

　　　　　张文穗　张雪霏　周智鑫　曾向武

参编单位：广东省科学院动物研究所

　　　　　华南理工大学

　　　　　广东省城乡规划设计研究院科技集团股份有限公司

　　　　　希言自然资源科技（广州）有限公司

　　　　　广州市海珠湿地科研宣传教育中心

丛书序

2018年2月，习近平总书记视察天府新区时强调"要突出公园城市特点，把生态价值考虑进去"；2020年1月，习近平总书记主持召开中央财经委员会第六次会议，对推动成渝地区双城经济圈建设作出重大战略部署，明确提出"建设践行新发展理念的公园城市"；2022年1月，国务院批复同意成都建设践行新发展理念的公园城市示范区；2022年3月，国家发展和改革委员会、自然资源部、住房和城乡建设部发布《成都建设践行新发展理念的公园城市示范区总体方案》。

"公园城市"实际上是一个广义的城市空间新概念，是缩小了的山水自然与城市、人的有机融合与和谐共生，它包含了多个一级学科的知识和多空间尺度多专业领域的规划建设与治理经验。涉及的学科包括城乡规划、建筑学、园林学、生态学、农业学、经济学、社会学、心理学等等，这些学科的知识交织汇聚在城市公园之内，交汇在城市与公园的互相融合渗透的生命共同体内。"公园城市"的内涵是什么？可概括为人居、低碳、人文。从本质而言，公园城市是城市发展的终极目标，整个城市就是一个大公园。因此，公园城市的内涵也就是园林的内涵。"公园城市"理念是中华民族为世界提供的城市发展中国范式，这其中包含了"师法自然、天人合一"的中国园林哲学思想。对市民群众而言园林是"看得见山，望得见水，记得住乡愁"的一种空间载体，只有这么去理解园林、去理解公园城市，才能规划设计建设好"公园城市"。

有古籍记载说"园莫大于天地"，就是说园林是天地的缩小版；"画莫好于造物"，画家的绘画技能再好，也只是拷贝了自然和山水之美，只有敬畏自然，才能与自然和谐相处。"公园城市"就是要用中国人的智慧处理好人类与大自然、人与城市以及蓝（水体）绿（公园等绿色空间）灰（建筑、道路、桥梁等硬质设施）之间的关系，最终实现"人（人类）、城（城市）、园（大自然）"三元互动平衡、"蓝绿灰"阴阳互补、刚柔并济、和谐共生，实现山、水、林、田、湖、草、沙、居生命共同体世世代代、永续发展。

"公园城市"理念提出之后，各地积极响应，成都、咸宁等城市先行开展公园城市建设实践探索，四川、湖北、广西、上海、深圳、青岛等诸多省、区、市将公园城市建设纳入"十四五"战略规划统筹考虑，并开展公园城市总体规划、公园体系专项规划、"十五分钟"生活服务圈等顶层设计和试点建设部署。不少专家学者、科研院所以及学术团体都积极开展公园城市理论、标准、技术等方面的探索研究，可谓百花齐放、百家争鸣。

"新时代公园城市建设探索与实践系列丛书"以理论研究与实践案例相结合的形式阐述公园城市建设的理念逻辑、基本原则、主要内容以及实施路径，以理论为基础，以标准为行动指引，以各相关领域专业技术研发与实践应用为落地支撑，以典型案例剖析为示范展示，形成了"理论＋标准＋技术＋实践"的完整体系，可引导公园城市的规划者、建设者、管理者贯彻落实生态文明理念，切实践行以人为本、绿色发展、绿色生活，量力而行、久久为功，切实打造"人、城、园（大自然）"和谐共生的美好家园。

人民城市人民建，人民城市为人民。愿我们每个人都能理解、践行公园城市理念，积极参与公园城市规划、建设、治理方方面面，共同努力建设人与自然和谐共生的美丽城市。

国际欧亚科学院院士
住房和城乡建设部原副部长

丛书前言

习近平总书记 2018 年在视察成都天府新区时提出"公园城市"理念。为深入贯彻国家生态文明发展战略和新发展理念，落实习近平总书记公园城市理念，成都市率先示范，湖北、咸宁、江苏扬州等城市都在积极实践，湖北、广西、上海、深圳、青岛等省、区、市都在积极探索，并将公园城市建设作为推动城市高质量发展的重要抓手。"公园城市"作为新事物和行业热点，虽然与"生态园林城市""绿色城市"等有共同之处，但又存在本质不同。如何正确把握习近平总书记所提"公园城市"理念的核心内涵、公园城市的本质特征，如何细化和分解公园城市建设的重点内容，如何因地制宜地规范有序推进公园城市建设等，是各地城市推动公园城市建设首先关心、也是特别关注的。为此，中国城市建设研究院有限公司作为"城乡生态文明建设综合服务商"，由其城乡生态文明研究院王香春院长牵头的团队率先联合北京林业大学、中国城市规划设计研究院、四川省城乡建设研究院、成都市公园城市建设发展研究院、咸宁市国土空间规划研究院等单位，开展了习近平生态文明思想及其发展演变、公园城市指标体系的国际经验与趋势、国内城市公园城市建设实践探索、公园城市建设实施路径等系列专题研究，并编制发布了全国首部公园城市相关地方标准《公园城市建设指南》DB42/T 1520—2019 和首部团体标准《公园城市评价标准》T/CHSLA 50008—2021，创造提出了"人–城–园"三元互动平衡理论，明确了公园城市的四大突出特征：美丽的公园形态与空间格局；"公"字当先，公共资源、公共服务、公共福利全民均衡共享；人与自然、社会和谐共生共荣；以居民满足感和幸福感提升为使命方向，着力提供安全舒适、健康便利的绿色公共服务。

在此基础上，中国城市建设研究院有限公司联合中国风景园林学会、中国公园协会共同组织、率先发起"新时代公园城市建设探索与实践系列丛书"（以下简称"丛书"）的编写工作，并邀请住房和城乡建设部科技与产业化发展中心（住房和城乡建设部住宅产业化促进中心）、中国城市规划设计研究院、中国城市出版社、北京市公园管理中心、上海市公园管理中心、东南大学、成都市公园城市建设发展研究院、北京市园林绿化科学研究院等多家单位以及权威专家组成丛书编写工作组共同编写。

这套丛书以生态文明思想为指导，践行习近平总书记"公园城市"理念，响应国家战略，瞄准人民需求，强化专业协同，以指导各地公园城市建设实践干什么、怎么干、如何干得好为编制初衷，力争"既能让市长、县长、局长看得懂，也能让队长、班长、组长知道怎么干"，着力突出可读性、实用性和前瞻指引性，重点回答了公园城市"是什么"、要建成公园城市需要"做什么"和"怎么做"等问题。目前本丛书已入选国家新闻出版署"十四五"时期国家重点出版物出版专项规划项目。

丛书编写作为央企领衔、国家级风景园林行业学协会通力协作的自发性公益行为，得到了相关主管部门、各级风景园林行业学协会及其成员单位、各地公园城市建设相关领域专家学者的大力支持与积极参与，汇聚了各地先行先试取得的成功实践经验、专家们多年实践积累的经验和全球视野的学习分享，为国内的城市建设管理者们提供了公园城市建设智库，以期让城市决策者、城市规划建设者、城市开发运营商等能够从中得到可借鉴、能落地的经验，推动和呼吁政府、社会、企业和老百姓对公园城市理念的认可和建设的参与，切实指导各地因地制宜、循序渐进开展公园城市建设实践，满足人民对美好生活和优美生态环境日益增长的需求。

丛书首批发布共14本，历时3年精心编写完成，以理论为基础，以标准为纲领，以各领域相关专业技术研究为支撑，以实践案例为鲜活说明。围绕生态环境优美、人居环境美好、城市绿色发展等公园城市重点建设目标与内容，以通俗、生动、形象的语言介绍公园城市建设的实施路径与优秀经验，具有典型性、示范性和实践操作指引性。丛书已完成的分册包括《公园城市理论研究》《公园城市建设标准研究》《公园城市建设中的公园体系规划与建设》《公园城市建设中的公园文化演替》《公园城市建设中的公园品质提升》《公园城市建设中的公园精细化管理》《公园城市导向下的绿色空间竖向拓展》《公园城市导向下的绿道规划与建设》《公园城市导向下的海绵城市规划设计与实践》《公园城市指引的多要素协同城市生态修复》《公园城市导向下的采煤沉陷区生态修复》《公园城市导向下的城市采石宕口生态修复》《公园城市建设中的动物多样性保护与恢复提升》和《公园城市建设实践探索——以成都市为例》。

丛书将秉承开放性原则，随着公园城市探索与各地建设实践的不断深入，将围绕社会和谐共治、城市绿色发展、城市特色鲜明、城市安全韧性等公园城市建设内容不断丰富其内容，因此诚挚欢迎更多的专家学者、实践探索者加入到丛书编写行列中来，众智众力助推各地打造"人、城、园"和谐共融、天蓝地绿水清的美丽家园，实现高质量发展。

前　言

　　公园城市是习近平总书记生态文明观在城市生态建设发展中的一大创新，突破了原有城市生态的概念，集中于人与生态和谐。公园城市不再是公园化的城市，而是公、园、城、市所展现出来的在公共底板上的生态、生活和生产的综合体：奉"公"服务人民、联"园"涵养生态、塑"城"美化生活、兴"市"低碳高质生产。这对于野生动物来说，将在城市中迎来一个开放和谐的生存环境和发展机遇。与此同时，野生动物作为生态系统的重要组成部分，在融入公园城市生态的过程中，有望在"服务于民""提升生态""美化生活"和"提效低碳"中发挥积极作用。

　　野生动物推动了地球生态环境的稳定化、生命的多样化和形态的万千化。但在地球进入人类纪后，它们则成为人类发展，特别是城市化发展的重大受害者。这一再引起人们的关注和担忧，也让人类自身遭受过惨痛教训。可喜的是，野生动物保护力量正处于上升趋势，在我国正不断取得相应的成绩。

　　自党的十八大以来，我国开展了全国性生态修复和城市生态建设工作，为野生动物生存和发展带来了生境条件的改善。但我们也要看到，许多生态修复后野生动物和其他生物多样性的提升效果不佳，生态系统生产力、完整性和服务功能远未达到峰值。这与当地野生动物物种库因大量物种丧失导致存量极大降低有密切关系，在城市中野生动物物种库损失物种量大多数达 70% 以上，从而使得自然恢复力量失效。所以，城市中仅开展生态修复是不够的，以野生动物为代表的生物物种库及群落恢复重建将是不可或缺的。

　　公园城市建设为城市野生动物资源恢复带来契机，而野生动物本身具有的生态功能，其群落重建与资源恢复，也将为公园城市作出自身贡献；从而使市民们更深入地享受和体会到公园城在生态质量、文化内涵和景观美化所创造出的自然和谐之美。城市中野生动物资源与功能提升，也要注意其潜在风险。当前东北虎入村和西双版纳大象北迁等事件都在提醒我们：在保护好野生动物的同时，须时时注意人与野生动物的关系，而智能化监测和生态调控措施等的应用将是其中不可或缺的内容。

在此，我们总结了 2008 年自广州开展"野生动物进城工程"以来，在城市中开展野生动物群落重建与资源恢复技术研发的经验与示范实践，以期为推动公园城市生态建设发挥积极作用。我们也希望本书对从事生态修复和野生动物资源保护的同行和朋友们有所帮助，让我们共同为以人为本、美丽宜居、人与动物和谐相处的公园城市建设发挥自己应有的贡献。

目 录

第 3 章　技术规范与指南

第 4 章　应用案例

第 1 章

公园城市与野生动物关系

1.1 公园城市的生态内涵

1.1.1 公园城市的提出

2018 年 2 月，习近平总书记在视察成都天府新区时首次提出建设公园城市理念：天府新区一定要规划好建设好，特别是要突出公园城市特点，把生态价值考虑进去，努力打造新的增长极，建设内陆开放经济高地。2018 年 4 月，习近平总书记参加首都义务植树活动时，再次提出"一个城市的预期就是整个城市就是一个大公园，老百姓走出来就像在自己家里的花园一样。"随后，我国开始全面推进公园城市建设，将我国城市生态建设提升至一个新高度。

总体看来，不论是国际广泛认同的"田园城市""生态城市""绿色城市"和"花园城市"等，还是国内所提出的"山水城市""生态园林城市"等，都是在特定时代背景下以及社会发展阶段的产物。公园城市则是在社会主义新时代和生态文明新阶段背景下，坚持"以人民为中心"，探寻城市发展的新模式，研究人与自然和谐发展的新路径与新方式，实现山水林田湖草与城市相融与共存的产物。

1.1.2 公园城市的内涵

公园城市不是公园和城市的简单组合，也不是单纯对城市中公园数量的要求。根据《公园设计规范》GB 51192—2016，"公园"是指向公众开放，以游憩为主要功能，有较完善的设施，兼具生态、美化等作用的绿地。因此，"公园城市"简而言之即为"公园化的城市"，它是以生态作为基本"底色"，使公园、城市相互耦合、深度联系成为一个大而和谐的生态系统，是多维目标集成的城市空间生命共同体。

公园城市的本质内涵概括为"一公三生"，即公共底板上的生态、生活和生产，也就是"公""园""城""市"四字所代表意思的总和：奉"公"服务人民、联"园"涵养生态、塑"城"美化生活、兴"市"绿色低碳高质量生产。由此突出以下生态内涵：

（1）突出以生态文明引领的发展观，强化了生态价值彰显与转化，以构建全域公园、生态廊道以及绿道体系等生态基础。

（2）突出以人民为中心的价值观，强调了"城市核心是人"的价值取向，以"让生活更美好"作为使命方向，生态宜居成为其中重要的内容。

（3）突出构筑"山水林田湖草"生命共同体的生态观，深化了"生态是统一的自然系统，是相互依存、紧密联系的有机链条……山水林田湖草是一个生命共同体，这个生命共同体是人类生存发展的物质基础"的认识。

（4）突出人、城、境、业高度和谐统一的大美城市形态，科学构建城市空间形态，提升城市宜居品质，注重生态建设，营造碧水蓝天、森林环绕、绿树成荫的城乡环境。

野生动物的生存和发展与生态环境息息相关。公园城市建设所带来的生态基底的改善，将显著提升城市中野生动物的种类和数量，而且野生动物在城市中生态功能将明显加强，并具有以下特点：

（1）在生态文明引领的发展观下，野生动物作为生态系统重要组成部分，将助力于构建出全域公园、生态廊道以及绿道体系等生态基础。

（2）在以人民为中心的价值观下，野生动物作为生态系统重要功能群体，将助力于实践"让生活更美好"的使命，创造出更为美好的生态宜居环境。

（3）在构筑"山水林田湖草"生命共同体的生态观中，野生动物作为不同生态系统的重要连接者，将助力于"山水林田湖草"生命共同体建设。

（4）在人、城、境、业高度和谐统一的大美城市形态中，野生动物作为灵动景观创造者，将助力于科学地构建出城市空间形态和高质量地营造出碧水蓝天、森林环绕、绿树成荫的城乡环境。

1.2   野生动物在城市中的作用与功能

1.2.1   野生动物定义

野生动物是具有自我运动和行为反应能力，以其他生物为食的生物；是自然界六界系统（动物界、植物界、真菌界、病毒界、原生生物界、原核生物界）中规模最大、结构最复杂、进化程度最高的一界；虽然它们由其他生物演变而来，但如今已经成为地球上的主要生命形式，并且适应环境过程的方式千变万化。

野生动物自出现以来，每天经历着捕食和被捕食、生存与死亡的考验，在此过程中不断适应新环境，成为生态质量的重要指示类群；在自身演化的同时，影响或带动着其他生命形式的演变与发展，最终在生物圈和绝大多数生态系统中占有优势地位，成为生态系统和生物圈的平衡和演变中不可缺失的功能群体。

人类从野生动物中演化出来，且与野生动物的关系正发生着深刻的变化，但野生动物仍是城市生态系统演变和人类社会发展中不可缺失的功能群体。

1.2.2   野生动物在城市中的作用和功能

野生动物在生态系统和生物圈的平衡和演变中发挥着不可缺失的功能，对人类社会发展有着不可替代的作用，这些功能和作用也能在城市中得以发挥，主要表现为：

（1）位于食物链和食物网的高端，有助于提高城市生态系统的多样化与稳定性的能力。

（2）帮助传播花粉、种子和微生物，促进城市中其他生物的传播和发展。

（3）改善土壤结构和水气条件，促进城市中植物、微生物和其他生物生长。

（4）促进物种循环和能量流动，加快城市生态要素的分配，增强生态系统的活力和调控能力，从而有效提高城市生态系统的固碳固氮和绿色生产能力。

（5）成为生物间关系演化的重要推动力，推动城市生命系统向更高级演化，驱动城市向生命化、协调化方向演化。

（6）其特有行为和活动能力，改变和增加城市的生态景观要素，使城市景观更为灵动与多样，使人不易产生审美疲劳。

（7）对栖息地往往有特定的要求，是城市生态系统健康质量的重要标志物。

（8）是城市市民学习和研究动物，获取科学知识，了解自然的重要基础。

（9）对野生动物的赏析、仿生和互动，促进文化创作、构建美学、技术创新和健康身心的发展。

正是由于以上的功能和作用，时刻提醒我们在城市生态建设中要考虑野生动物的元素，保护野生动物其实也是在保护着城市生态的良性发展。公园城市建设需要生态环境向更为高质、更有活力和更加和谐的方向发展，也更离不开野生动物的发展。

1.3　城市对野生动物的影响

城市对野生动物的影响，要分为两个方面来看：一方面是城市发展与扩张给野生动物生存和发展所带来的破坏性影响；另一方面是城市在野生动物保护上的潜力与将要产生的积极影响。

众所周知，城市是人类社会发展力量的集中地，富集着社会财富、精英阶层和先进技术，对全球发展产生不可替代的作用，同时产生惊人的破坏力量。这些力量给野生动物带来严重威胁，主要有：

（1）人口爆炸，带来资源短缺：地球拥有一个有限的空间和资源，而人类自进入农耕时代以来，人口数量一直呈指数式上升，而城市则是人口增长的主力，直接造成空间和资源短缺，会直接挤压野生动物生存空间与资源。

（2）环境污染，会直接威胁野生动物生存：城市中环境污染的重灾区和扩散地，其污染已突破生物圈范围，高达上万米高空、深达万米海沟，一方面造成野生动物生存环境的破坏；另一方面直接导致野生动物病变、死亡、遗传畸变和行为失调等。

（3）生境丧失，野生动物失去生存基础：城市发展在不断地挤压野生动物空间的同时，其他活动也有意无意地破坏或切割野生动物的栖息环境，导致野生动物失去家园，要么逃离，要么挣扎，要么死亡。

（4）气候变化，带来生存灾难：城市发展是全球气温上升的推手之一，灾害气候发生频次增加，直接威胁着野生动物的生存，如厄尔尼诺现象。

（5）野生动物资源过度利用，导致资源衰竭：城市是野生动物资源商业和贸易的中心地，过度利用，导致野生动物遭受过度的无序猎杀，已造成大量物种的濒危或灭绝。

（6）生物入侵，导致本土物种生存困难，从而导致城市生态系统不完整性，使城市为生物入侵的重灾区，许多本土物种因缺乏竞争力而消失或濒危。

以上的种种威胁，提醒我们在城市发展中需要时时考虑野生动物的保护。但是，我们也要看到，城市作为人类社会力量的重要集中区域，正在野生动物保护上发挥出积极的作用，主要表现有：

（1）提供保护所需的资金、人力和技术。

（2）开展生态建设，改善野生动物的生存条件。

（3）在城市中自然修复与野生动物恢复，扩展野生动物生存空间。

（4）在城市中打击野生动物贸易交易，有效降低野生动物非法贸易和猎杀。

（5）更多更快地获取野生动物知识，提高保护意识和能力。

（6）市民对动物认识能力提升，关系和情感增加，促进了保护发展。

（7）与动物关系中，传统需求在下降，但基因、生态服务和仿生等新功能在上升。

正是因为城市是人类社会资金、人力和技术的集中地，只有发挥和动员城市的力量，才能成十倍、甚至百倍地提高野生动物保护的能力与力量，因此，在城市中开展野生动物保护与恢复既有更好地发挥野生动物作用与功能，为城市生态建设服务的意义，也有实质性地增强野生动物保护力量与能力，以遏制野生动物衰退的意义。那么，公园城市建设，无论在生态环境的改善，还是社会意识的提高上都将发挥出积极作用，将激发出城市在野生动物保护与恢复上的更大潜能，进而影响自然环境中野生动物保护与恢复，从而极大地加强全球野生动物保护与恢复的力量和成效。

1.4　公园城市中野生动物保护与恢复的展望

人类活动正在迅速改造着地球，尤其是城市的发展起了极大的推动作用，至今已有 1/3~1/2 的大陆表面被人类活动所改变，生物多样性面临着前所未有的破坏。地球的地质历史已进入人类纪，而该纪元以全球性野生动植物数量迅速减少为特点，称为第六次物种大灭绝。

野生动物作为国家重要的战略资源，具有多种生态、经济和社会功能，在维护生态系统稳定和提高生态系统质量方面有着不可替代的作用，因此，如何有效遏制野生动物资源已成为全球和各国共同面对的重大问题。自 1987 年世界自然保护联盟（以下简称 IUCN）发布第一份《物种重引入指南》之后，城市环境中动物的恢复和重引入的问题越来越受到全世界的关注。

但是，恢复生态学研究是一门极具综合性和十分复杂的系统工程，至今总体来说有关工作尚处于尝试阶段。目前的生态恢复还多以植被恢复和环境工程治理为主、以水土气改良为目标，人们先后发展了除污、生态堤、植树绿化带等技术。但是，以上工作还不能真正建立起一个具有自我维持能力的、完善的生态系统，所以，人们不得不花费很大的人力和物力进行维持，这些情况在城市中表现得尤其突出。

迁地保护和就地保护是野生动物保护的两种方式。随着全球性保护形势的日益严峻，许多物种由于生境的丧失、酷捕滥猎等多种原因，在野生环境中种群数量持续下降而濒临灭绝，有的甚至由于种群数量过低而完全丧失了自我维持能力，导致野外绝灭或即将绝灭。如果没有人类的帮助，这些物种将在地球或某些重要地区完全消失，如朱鹮、扬子鳄。为了挽救这些动物，使它们重新获得野外种群维持能力，人们建立专门的机构或组织如野生动物繁育中心，在人工条件下利用有关技术帮助它们进行种群繁衍和增殖，以此达到两个目的：一是补充原有野外种群数量的不足，称为再加强或补充；二是在物种已绝灭的地区重新建立野外恢复种群，即重引入。其中，重引入的重要性一再为 IUCN 所强调，为此成立了重引入专家组，制定工作指南，按期出版重引入信息。

由于种种条件的限制，在人工繁育条件下，野生动物不可能拥有与原生境相一致的条件，而更多的是被饲养在一狭小的空间里，如围栏、笼子，因此，它们的行为将受到极大的限制，野生行为难以再得到发挥，人工环境与野生环境所存在的差异，使得两种环境下的动物行为存在着极大差异。

在人工环境下，随着时间的延长和后代的繁殖，野生动物习惯于人工喂养和缺乏危险的人工环境，导致许多适应野生环境的行为在后代中不断丧失，它们的后代也将因此而丧失觅（捕）食、躲避天敌（包括人）、繁殖等野外生存技能，从而大大降低人工繁育的野生动物在野外生存的可能性，如人工繁育的东北虎部分后代丧失了捕食的能力，许多大熊猫个体一度丧失交配能力。因此，人工繁育野生动物回归自然的过程中，野生动物的行为研究和野外生存能力的培养显得至关重要，这在实践中一再被强调，而在城市中该过程更显得重要。

野生动物"再引入"在国际上已有非常多的成功案例，大多数案例都会在 IUCN 网站进行相关的报道，在中国也有很多较好的成功案例，如黄腹角雉的"再引入"试验、褐马鸡的"再引入"试验等。

但是以上的工作主要集中于单个物种的恢复，同时很少涉及整个生态系统的恢复，特别是动物群落恢复后所具有的生态功能的恢复。在现有的生态系统恢复上，往往强调的是工程恢复，这在植物生态系统恢复、湿地生态系统和流域生态系统的恢复都有较好的案例。以上的恢复多数会忽略野生动物的恢复，而重在物理环境和某些生态功能、植被条件的恢复上。因此，如何在以上的生态恢复中引入野生动物恢复的理念和方法，从而提高野生动物在恢复生态系统中的多样性水平和生态功能，是值得我们思考和开展创新的切入点。然而，现有的文献对这方面还较少涉及，城市中的案例更为罕见。

随着森林城市和花园城市建设的推进，广州市于 2009 年启动"野生动物进城工程"，并由此建立了 6 个野生动物恢复示范地，有效提升了广州市野生动物资源水平。由此说明，许多消失的野生动物在城市绿地环境中是可以得到恢复的，而随着城市生态建设的加强，野生动物在城市中与人类和谐相处并不仅仅是个梦想。

公园城市是新时代城市环境营建的方向，建设核心是统筹山水林田湖草绿色空间，构建人城境业高度和谐统一的现代化城市形态，是城市尺度的生态文明形态。公园城市的实现与否与一个城市的整体生态环境密不可分，生态环境所能提供的产品和服务是支撑人类社会繁荣、发展的关键，其提升与野生动物的多样性与保护息息相关。野生动物的存在可激活城市生态链，营造人与自然共生的良好生态系统。研究表明，野生动物对于生态系统的稳定发展具有重大作用，在缺乏野生动物的森林或湿地生态系统中，生态系统多处在不稳定或退化状态；城市环境中动物的缺乏是导致城市食物链不完整、生态环境不稳定、病虫害高发、城市绿地退化而需高额成本维护的关键因素之一。

因此，通过保护野生动物及其多样性，构建完整生态链，激发生态系统活力，促进生态系统功能提升；丰富城市野生动物种类和数量，提升生物多样性水平，改善城市整体基底环境，为公园城市建设构建美好"底色"。通过在城市绿地环境中招引或恢复城市原有的、具备生态功能、与人为善的野生动物，促进城市动物群落恢复和多样性水平的提升、修复城市生态环境、减少城市绿地维护成本；对于恢复生态服务功能，人居环境改善、公园城市建设具有重要作用。

随着公园城市建设的推进，我们可预见野生动物功能在公园城市中将得以更好发挥，将围绕着"公""园""城""市"四个方面发挥积极作用：

（1）奉"公"服务人民，改善人民生活：加强市民与野生动物互动，有助于提升市民的身心健康及心理疾病治疗；赏析动物，以丰富文化创作、构建美学；学习和研究动物，以获取科学知识，加深对自然的了解和认识；模仿动物，以发明创新、拓展技能。

（2）联"园"涵养生态，促进生态良性发展：发挥食物链和食物网高端的调控作用，有助于提高维护公园城市生态系统多样化与稳定性的能力；传播花粉、种子和微生物的功能，促进公园城市中其他生物的传播和发展；改善土壤结构和水气条件，促进公园城市中植物和微生物生长；推动公园城市生命系统向更高级演化，驱动公园城市向生命化、协调化方向演化。

（3）塑"城"美化生活，创造美丽健康景观：其特有行为和活动能力，改变和增加公园城市的生态景观要素，使公园城市景观更为灵动与多样。对栖息地往往有特定的要求，是公园城市生态系统健康质量的重要标志物。

（4）兴"市"绿色低碳高质量生产，提高固碳固氮和绿色生产能力：促进物种循环和能量流动，加快公园城市生态要素的分配，增强生态系统的活力和调控能力，从而有效提高生态系统的固碳固氮和绿色生产能力。

第 2 章

野生动物恢复技术和方法

2.1 基本理念与要求

　　城市生态系统总体上是一个退化生态系统，野生动物资源的严重衰退，正是城市生态系统存在严重不足的结果。城市野生动物群落作为一个受损的群落，与自然群落相比，其多样性、结构和功能都呈现显著性的降低。城市野生动物恢复就是要能接近或达到自然群落所具有的多样性、结构和功能，从而为城市生态系统的自然化演变和恢复提供重要的支撑。

　　公园城市建设目标之一就是要有效地促进城市生态系统的提质和完善，城市生态建设成功与否，就与野生动物的存在密切相关，其生态系统在完整性、系统性和稳定性方向所能达到的高度，需要由野生动物的存在性来说明，公园城市中野生动物保护与恢复理念如图2-1所示。

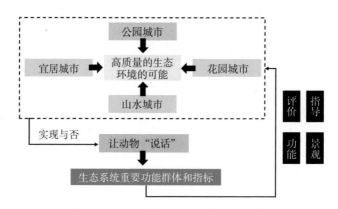

图 2-1　野生动物保护与恢复理念示意图

　　野生动物有着明确的地域特征，经过长期的适应演化，大多数物种对生境有着特殊的要求。在公园城市建设中，随意引入野生动物是不可取的，往往造成野生动物的非正常死亡、疾病传播和物种入侵等危害当地生态系统的情况发生。因此，在公园城市建设中，野生动物恢复有着以下要求：

　　（1）强调是以本土动物为对象的动物群落的恢复和多样性水平的提升。

　　（2）强调动物生态功能和指示作用的发挥，是现有生态建设成果的拓展。

（3）强调人的能动性的发挥，采用多种方法和措施开展动物恢复。

（4）恢复对象主要是受城市环境影响严重的物种：1）消失的原生物种；2）种群出现衰退的物种；3）处于濒危状态或高度隔离状态的物种。

（5）曾受到破坏而需或正在恢复区域：1）栖息地的缺失而导致野生动物高度缺乏的地区；2）具有一定的栖息地，但由于历史的原因而导致多样性水平低；3）栖息条件好，但物种水平仍未达到饱和的地区。

（6）最终达到引入物种能自我生存和繁衍，具可持续发展的潜力。

（7）引入动物除生态功能外，也要考虑人的可接纳性、安全性和教育性。

2.2　相关理论

城市生态系统是一个退化生态系统。生态系统的退化实质是一个系统在超强干扰下逆行演替的动态过程，野生动物由此受损而出现物种库存量下降、多样性降低和大多数物种生存困难等问题，进而影响生态系统的稳定性和生态效益发挥。受损野生动物群落恢复就是需要在退化的生态系统中重新将物种多样性提升、动物资源生产力提高、群落结构和功能以及稳定性得到加强，以发挥出更高的生态效益。野生动物恢复涉及的主要理论有：

（1）自组织理论：动物群落具有自组织特点，没有一个野生动物物种能独立于群落生存，所以只依靠濒危物种的拯救难以遏制野生动物的衰退。在区域尺度上，区域内所有物种组合成具有自组织特性的群落，故群落如同物种保护堡垒，保护和维护着物种的生存与发展。群落一旦在强干扰下受损则会加速区域内物种的群体性濒危、消失或灭绝，进而引发大灭绝事件。反之，重建因强干扰而受损的群落，以此发挥其物种堡垒作用，不但能有效降低灭绝风险，还能提高拯救能力，并快速有效地建立起遏制野生动物衰退的堡垒（图 2-2）。

图 2-2　鱼群的自组织行为

（2）群落演替理论：演替是群落内物种组成及相关物质随时间变化而变化的动态过程。这种过程往往受制于群落中每一个成员的生理生态特性、种间相互关系及物种与环境间的相互作用，因此，演替实质上反映的是区域生物 – 环境复合体在结构和功能方面的变化。

群落演替理论是退化生态系统恢复重建最为重要的理论基础。Clements（1921）的群落演替理论认为，演替是生物群落与环境相互作用导致生境变化的结果，群落演替是渐进有序的，这就要求我们在进行退化生态系统恢复和重建过程中也要循序渐进，依据退化阶段，按照生态演替规律分阶段、分步骤地促进顺行演替，而不能急于求成，"揠苗助长"。在野生动物群落恢复中，要求我们根据不同的演替阶段进行不同物种的重引入，特别针对猛禽和食肉类哺乳动物要求在演替中后期考虑（图 2-3）。

（3）生态位理论：生态位是生态学中的一个重要概念，主要是指自然生态系统中一个种群在时间、空间上的位置及其与相关种群之间的功能关系。生态位理论中提出：每种生物在生态系统中总占有一定的空间和资源。在恢复和重建退化生态系统时，就应考虑各物种在时间、空间（包括垂直空间和地下空间）的生态位分化，尽量使恢复的物种在生态位上错开，避免由于生态位重叠导致激烈的竞争排斥作用而不利于生物群落发展和生态

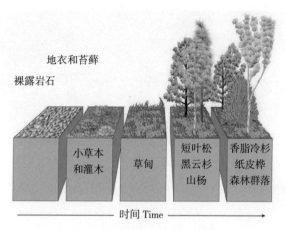

地衣和苔藓

裸露岩石

小草本和灌木　草甸　短叶松 黑云杉 山杨　香脂冷杉 纸皮桦 森林群落

时间 Time

图 2-3　植物群落演替示意图

系统稳定。根据该理论，在进行生态恢复时要避免引进生态位相同的物种，尽可能使各物种的生态位错开，使各种群在群落中具有各自的生态位，避免种群之间的直接竞争，保护群落的稳定。同时组建由多个种群组成的生物群落，充分利用时间、空间和资源，更有效地利用环境资源，维持生态系统的稳定性。

（4）物种相互作用理论：物种间的相互作用可帮助形成群落，物种的相互作用有捕食 - 反捕食、竞争和共生 3 种形式。在生态系统恢复过程中，种间关系的形成就是物种相互作用的结果，也是 3 种关系的综合结果。对于动物来说，许多动物的存在、行为及聚群是其他动物安全、食物和栖息的重要信号，形成了类似共生的效果。在恢复和重建野生动物群落时，有意识地引入具信号效应的物种，对吸引更多物种的到来增加群落多样性，促进生态系统的稳定性是有益的。

（5）行为学理论：行为是野生动物与其他生物的最大区别，正是行为的存在使得野生动物演化出万般叠呈的世界。其中雌雄相互间繁殖行为、种内的集群行为、种间的种质集团行为都对物种的分布、扩散和分布产生重要影响，在野生动物恢复的招引中发挥重要作用。同时，许多野生动物的行为是后天学习获得的且多数行为具有可塑性，这就要求我们在野生动物重引入与人工繁育野生动物野外放生中开展行为适应性的训练，特别是捕食行为、隐蔽行为和环境适应环境等（图 2-4）。

（6）生物多样性和群落结构理论：生物多样性是生态系统稳定的基础，多样性越高，群落结构越复杂，生态系统越稳定。其中群落结构主要包括

图 2-4 鸟类的集群活动

物种结构、时空结构和营养结构，其中物种结构在生态恢复中需优先考虑。在稳定群落中物种结构会表现出规律性的特征，如种属数量正相关、种（属）乘幂频次分布和个体大小偏正态频次分布等，可作为稳定群落判断的依据及目标物种甄别的依据（图 2-5）。

（7）景观生态学理论：景观是由相互作用的斑块或生态系统组成的，以相似的形式重复出现并具有高度空间异质性的区域。斑块、廊道和基底是景观三大组分，其中斑块是一相对独立、内部相对同质、与外部截然不同的生态系统；廊道则是斑块间的联接；基底则是景观中的背景植被或地域。在野生动物恢复中需要充分考虑景观格局配置，在景观水平利用生态系统的整

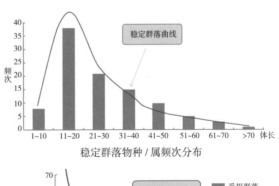

稳定群落物种 / 属频次分布

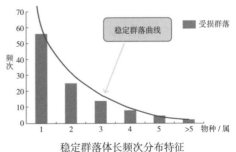

稳定群落体长频次分布特征

图 2-5 稳定动物群落的结构示意图（以鸟类为例）

体性来保护和恢复群落，主要有：能够根据周边环境的背景来建立恢复的总体目标，为恢复地点的选择提供参考；要考虑恢复区域的景观布局，既要考虑景观间生态梯度性，也要考虑利用廊道提高连接性（图 2-6）。

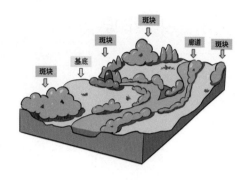

图 2-6　基底、斑块、廊道示意

2.3　技术路线

以群体性拯救和复壮区域内消失物种为主线，从自组织理论出发，紧扣人类强干扰下受损动物群落重回平衡态（稳定态）所经历的四个步骤：目标甄别→生境提质→物种回归→群落稳定，以将受损的野生动物群落恢复到接近自然状态中的稳定群落。总体技术路线见图 2-7。

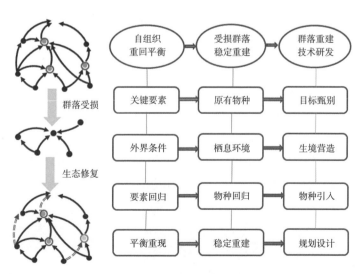

图 2-7　总体技术路线图

2.4 操作要点

2.4.1 目标物种甄别

城市动物群落是一个受损群落，其主要表现为动物物种库的丧失，有效恢复物种库是生物多样性恢复的关键。一个地区的野生动物是长期适应当地生态环境的结果，因此，在恢复中需要考虑的是当地野生动物物种。城市野生动物群落作为一受损群落，其重要表现就是其中大量的物种消失而造成组成和结构的衰退与质变，其恢复就是要尽量使消失的物种回归，使群落中的物种丰富度接近或达到历史自然状态下的水平，从而使组成和结构尽量接近和达到自然状态。为此，野生动物恢复的首要工作就是甄别出消失物种，这是野生动物恢复的根本。

我们把一个历史自然状态下具有一个相对完整的物种库称为历史物种库。当前城市野生动物存在以下情况：（1）许多物种从城市中逃离或消失，但这些物种还能在城市周边找到，一些有机会可随时入城，这些物种称为"周边物种"；（2）有些物种从城市及周边彻底消失，只有通过人工繁育或迁地工作后的重引入才能回城，这些物种称为"消失物种"；（3）有些物种仍在城市中生存，但多数生存困难，这些物种称为"现存物种"。

周边物种和消失物种的存在是造成城市野生动物群落与自然群落间存在物种组成差别的主要原因。这其中的差别，称为物种落差，而处于该落差中的物种就是开展野生动物恢复时需要考虑的目标物种。

如果把物种库视为集合，则周边物种、现存物种以及历史物种存在以下逻辑关系，称之为物种落差分析法（图2-8）。

根据物种落差分析法得到的物种名录，在实际操作中根据以下原则，以甄别出目标物种，并提出相应的恢复对策：

（1）"扩"现有物种：区域可营造或增加其适宜栖息地的物种。

（2）"招"周边物种：周边地区分布较多且栖息地需求与目标区域较为一致的物种。

（3）"引"消失物种：当地已消失但已有合法人工繁育来源的物种，可

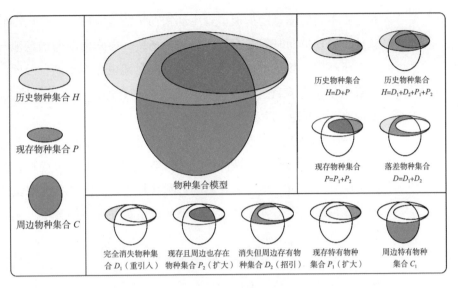

图 2-8　目标物种甄别中的物种落差分析法示意

根据 IUCN 重引入指南而人工引入。

　　由此，我们开展野生动物调查时，不仅要调查城市当前现有的物种，也要调查其历史上曾有的物种，同时要在周边开展物种调查，为物种落差分析提供基础以得到相对精准的目标物种名录。

2.4.2　动物生境营造

　　城市生态系统作为一个退化生态系统，对野生动物影响最大的是造成了野生动物生境的大量消失或低质化，使得许多物种难以生存而消失，或生存困难而难以长期发展。因此，城市野生动物恢复需要对其生境开展修复。当前，许多城市开展了生态修复，将水土气和植物环境进行较大改善，在一定程度上改善了野生动物的生存条件，也为一些野生动物回归城市提供了较好的条件。但是，我们要注意在生态修复中往往忽视了野生动物具体生境的要求，因此在城市许多绿地中往往未能见到野生动物。

　　在开展野生动物恢复时，人们往往会将野生动物生境视为单一性环境而导致恢复工作失效。

　　事实上，每个物种的生境要求千差万别，在自然环境中会根据生态位的情况而形成相对一致性的生境梯度。但是，野生动物生境非单一环境，而是由不同的栖息地构成。野生动物物种的生命周期是往往需要不同的栖息地，如繁殖期时需要有特定的繁殖场所，夜间休息的栖息地与白天歇息时有所不同，甚至觅食栖息地与歇息栖息地也存在不同。因此，我们在开展野生动物生境营造时，要考虑不同的栖息地，主要有五种，即繁殖地、觅食地、水源地、隐蔽地和夜栖地。其中：

（1）繁殖地：要考虑目标物种繁殖时是否具备聚集性，对有聚集性的物种要多考虑大面积区域的栖息地营造，如鹭鸟需要大面积、高郁闭且多树杈的密林，而鸥类则需开阔的近水沙地等。同时还要考虑巢址选择，特别在此强调：在南方，鸟类只在繁殖时筑巢并在巢中育雏，人工巢的使用是无意义的（图2-9）。

（2）觅食地：食物是动物生存的基础。一个好的觅食地除解决野生动物的生存外，往往具有招引效果，可使我们在野生动物恢复上事半功倍。研究发现，在城市中，野生动物利用花果树的时间和强度在增加，特别是人类干扰少的位置。所以，觅食地除食物丰富外，也要考虑安全性，还要考虑一个四季中食物不足的时间段。因此，在考虑冬季食物补给是提高野生动物丰富度的一个重要策略（图2-10）。

（3）水源地：任何野生动物离不开水，但在生境营造时会有所忽视。这些忽视主要是针对干净水源的，往往因为有水域存在而不再考虑。其实，许多野生动物需要的浅水性和干净的水源地，没有太多的动物喜欢在深水中冒险。拥有滩涂的水域对鸟类更具吸引性，而在许多湖泊和水库的深水环境，可考虑使用仿生浮排技术，营造出类似滩涂效果（图2-11）。

（4）隐蔽地：绝大多数野生动物需要有隐蔽场所，主要用于躲避风险和外界干扰。这在城市中显得尤其重要。在生境营造中，需要考虑在一些

图2-9　鹭鸟繁殖地　　　　　　图2-10　鸟类采食花蜜

图 2-11　建于广州海珠湖的仿生浮排　　　图 2-12　综合性栖息地（水源地、觅食地
　　　　　　　　　　　　　　　　　　　　　　与夜栖地的结合），招引到鹭鸟成群活动

没有人类干扰位置，种植相对密集植物、设置洞穴和隐蔽通道等。稀疏植物与密植植物的配合也往往能起到较好效果。

（5）夜栖地：过夜是野生动物必需的生活内容，但在夜栖时往往也是动物最危险的时候，往往许多野生动物在夜栖地的选择上要求高，多选择隐蔽安全处，也有许多动物会聚集性夜栖，如雁鸭类。夜栖地与隐蔽地可同时考虑，往往会有较好效果（图 2-12）。

2.4.3　消失物种引入

消失物种的引入涉及两类物种，即周边物种和消失物种。其中，周边物种主要采用招引方法，而消失物种则需人工繁育与重引入。

1. 周边物种招引

周边物种的招引，多利用野生动物行为信号，主要有种类雌雄间交流信号、种间的交流信号。这些信号多为声音信号、行为信号和形体信号。在恢复区域内已有的野生动物，特别是食虫和食草动物所发生的互动声音、觅食活动以及聚群行为等可形成一定的招引效果。为更好地扩大该效果，可录取动物间互动、同伴招引以及定向性声音来进行鸟类招引，针对某些对声音有特别反应的还可使用强音定向方法进行招引和引导其到达相应的目标区域（图 2-13）。

野生动物，特别是非捕食性动物，往往会因为对相似资源的利用而形成同种资源集团。这些动物往往将其他动物的活动信号作为自己的相应信号。这些动物发出的安全信号、取食信号和嬉戏信号常常能吸引其他动物前来活动，对这些信号的利用也可达到招引效果。为此，采用带有声音信号播放功能的仿真动物模型，常常能起到招引效果（图2-14）。

2. 消失物种引入

消失物种的引入，需要开展迁地保护工作，即需要从其他地方引入已消失的物种个体。这些个体来源，主要有动物园的人工繁育个体、野生动物救护中心的救

图2-13　金丝燕对聚集地声音有反应，利用强声引导金丝燕到达目标地

护个体以及人工繁育场所人工繁育个体等，还有其他来源，如自然保护地人工捕获个体等。

由于人工繁育个体已在一定程度上与自然环境相隔离，大多不熟悉自然环境条件而存在适应上的困难。再者，许多动物的行为是后天习得，在人工繁育条件下，这些行为往往因无从学习而丧失。因此，人工繁育野生动物的重引入是一个复杂的过程，在将重引入个体释放到野外（即野放）时，需对其开展严格的训练，使其能真正适应自然环境而得以生存和发展，为此，我们要严格遵守IUCN的重引入指南，在野放时要特别关注以下几点：

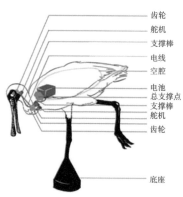

齿轮
舵机
支撑棒
电线
空腔
电池
总支撑点
支撑棒
舵机
齿轮

底座

图2-14　利用具有声音功能的仿真模型进行招引

（1）为确保野生动物个体的安全，野放前必须进行个体健康和疫病检疫工作。

（2）在野放前要对个体的相应行为进行适当训练，主要包括觅食行为、躲避行为以及识别天敌的能力等。

（3）在野放前，需在目标区域建立简易笼舍，该笼舍是通透的，即野放个体可从笼中观察到外部的情况，以便使其能熟悉外界。

（4）需在野放个体接近或达到稳定状态时，才打开笼舍门，以便其自由出入，不能驱赶其离开笼舍。

（5）在其经常性离开笼舍，且极少或不再取食所投喂食物时，方可拆除笼舍且不再投喂，并且要开展监测，以观察其野外活动情况（图 2-15）。

图 2-15　松鼠野放笼舍

2.5　公园城市野生动物多样性提升规划设计

2.5.1　宏观（区域）尺度：栖息地系统规划构建

近年来，在国家生态文明体制改革大背景下，政府对动物栖息地生境保护愈发重视，与之相关的政策支持亦愈多。随着城市建设发展新理念"公园城市"的提出，许多城市响应号召，朝着人、园、城和谐共荣的目标发展。"公园城市"是一个美好愿景，是具象的美丽中国魅力家园，是全面体现新发展理念的城市发展高级形态。"公园城市"的宗旨是以人为本，满足人民对美好生活和优美生态环境的向往和需求。"公园城市"建设目标的实现，与城市整体生态环境密不可分，生态环境提供的产品和服务是支撑人类社会繁荣发展的关键,而城市野生动物的生存状态是城市生态环境的重要指征,生态环境的提升与野生动物的多样性息息相关。因此,改善城市野生动物栖息地的生态与景观质量,保护及提升城市野生动物的多样性,正是与"公园城市"的核心价值和发展理念相契合的。

改革开放以来,我国经历了迅猛的城镇化发展,但在很长一段时间内这种发展是在以生态环境为代价换取经济发展的模式下进行的,对城市野生动物栖息地生境造成了许多不良影响,对城市生态链造成破坏。这种模式的典型特征包括:区域层面缺乏整体统筹、城镇分散布局及无序蔓延、生态廊道联系欠佳、栖息地建设缺少合理引导等。这些现象特征使得我国许多城市的栖息地生境存在以下问题:(1)自然基底反转为人工建成环境基底,导致生态多样性在逐渐衰弱;(2)缺少区域层面的栖息地生态网络、栖息地景观破碎化的问题加剧,整体生态效益降低;(3)景观的界限,如江河湖海的岸线,森林、湿地、农田、草原等的边缘不断变动造成区域生物多样性降低;(4)建成区包围下的栖息地,人类活动对栖息地的持续性高干扰;(5)栖息地生境逐渐单一化,生物自然演替发生改变。

针对以上问题,围绕公园城市野生动物多样性提升的目标与愿景,在城市绿地景观规划、建设与治理的全过程中,应当将野生动物的生存、繁衍及发展,将人类与动物间的影响规律和相处模式,将动物对城市生境的适应特征及反向作用等均纳入考量。而城市野生动物栖息地布局与设计正是城市绿地规划建设过程中协调人类与动物、城市与自然关系的重要环节。

野生动物栖息地规划可分为栖息地系统规划(中－宏观尺度)和栖息地单元规划(中－微观尺度)两方面。

栖息地系统的合理规划,要求决策管理者、规划设计师具备中观或宏观尺度的视角,中观尺度下的城市生态系统、城市景观,宏观尺度下的区域生态都是栖息地系统规划需要重点考虑的内容。景观生态学原理,景观生态规划理论和区域综合规划理论等均为该过程的重要指导。栖息地单元设计则主要从场地层面的微观视角,重点研究目标物种的个体特征和群落体结构,据此对栖息地斑块单元进行合理规划设计,该过程主要以植物学、动物学和生态学原理,以及景观生态设计理论为指导(图2-16)。

区域尺度下以生态生境网络及景观安全格局为主要规划对象,在生态演变过程与区域空间格局耦合关联视角下,从水平运动、垂直空间、时空演变三方面构建的动态生境网络结构关系,以维护公园城市生态系统多样

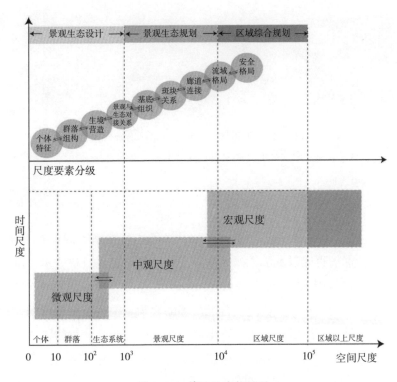

图 2-16　等级尺度推绎图

性和演化，有利于实现人与自然共存的健康栖息地。因而，提升公园城市野生动物多样性，以下方面的内容需要关注：

1. 栖息地系统的时空特性与规划原则

从城市及其周边区域整个生态格局的视角来看，野生动物栖息地系统是一个有机整体，构成该系统的栖息地单元各自有其独立性，又彼此互有影响。因此，整个栖息地系统需要被统筹安排。同时，栖息地系统的运行及其自然演替是一个动态变化的时间过程，对栖息地"空间布局"与"过程演替"特点的掌握与利用也应在栖息地系统规划的过程中被重点考虑。

对城市栖息地系统进行布局规划的实际工作中，应以"因地制宜"为布局原则，以满足目标物种的栖息需求、兼顾栖息地景观价值为目标导向，开展对区域生态特征进行踏勘分析的基底调查，以城市绿地系统规划为规划框架，以景观生态学为理论指导，并应注重从时间演进的动态视角进行布局。

2. 相关理论指导

根据景观生态学理论，在对野生动物栖息地系统进行规划时，应该以栖息地斑块为基本单元，保证栖息地间的合理联通，确定各栖息地的保护

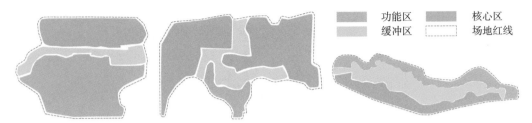

| | 功能区 | | 核心区 |
| 缓冲区 | | 场地红线 |

图 2-17　根据保护级别对栖息地进行划分的应用实例
（从左至右分别为香港湿地公园、香港米埔自然保护区、深圳华侨城湿地公园）

程度（图 2-17）。

（1）斑块：栖息地斑块是区域栖息地系统的基本单元。对斑块面积、保护程度以及源汇属性的界定是确保栖息地斑块质量，从而维护与提升动物多样性的必要前提。

栖息地斑块应被分配足够的面积。根据生物地理学、景观生态学等领域的理论研究表明，野生动物在大面积连续分布的栖息地中能够更好地生存、繁衍与发展。小面积、不连续的栖息地被称为栖息地破碎化，是以城市发展过程中应该尽力避免的。

栖息地斑块应根据保护程度进行分级。根据栖息地中物种的珍稀程度与栖息特性，可确定各栖息地须被保护的程度。不同保护程度的栖息地，区别在于保护区、缓冲区与功能区面积分配上的不同。核心区是指某些野生动物的栖息地需要被严格、完整的保护起来，并将人类活动排斥在外的区域。功能区则主要为人类活动服务，是人类高频扰动区域。缓冲区则介于保护区与功能区之间，是一种围绕保护核的辅助性保护与管理范围，其设置可根据景观阻力理论进行推导。

根据栖息地源汇属性可引导野生动物的积极扩散。根据景观生态学理论，栖息环境良好的场地可视为"源"景观，栖息环境不良的场地可视为"汇"景观，通过评估一个区域中各个栖息地斑块的景观格局是否有利于目标物种的生存与繁衍，确定源汇栖息地分布并进行导向性施策，可促使良好栖息地带动不良栖息地提升动物多样性。

（2）廊道：栖息地斑块之间应通过廊道以合理的方式进行联通。对廊道的规划应由规划设计师与生物、生态学领域的专家学者协同进行，在对景观中能量流动，物质循环和生物迁移等"生态流"进行充分分析与研究的基础上完成。针对野生动物栖息地体系，应重点关注基因交换，物种流动和栖息地网络连续性的问题，同时还应避免错误的廊道连接，因其容易造成物种入侵等问题，反而对动物栖息造成损害。廊道的主要形式包括绿道、碧道、水系、线状栖息地等。

（3）基质：城市建成区是城市野生动物栖息地体系的背景基质，城市的布局塑造着栖息地的景观格局与结构。城市的交通人流、经济活动、热岛效应等均会影响到栖息地系统的运行。城市的长期发展也不可避免地干扰栖息地系统的自然演替。因此在城市野生动物栖息地系统建设规划的全过程中，均应明确与强调其作为城市景观镶嵌体的基本情况，不能脱离城市建设空谈栖息地规划。

3. 明确目标导向

野生动物栖息地，首先应考虑对目标物种栖息需求的满足。目标物种是通过对城市野生动物当前、历史、周边的种类与数量状况，结合这些物种的珍稀程度、生态价值、经济价值、景观价值等筛选得出。这些物种作为城市的野生动物重点保护对象，综合考虑这些目标物种的习性与数量，结合城市绿地规划指示的城市绿地类型，科学合理地确定市域范围内栖息地斑块的数量，各斑块的地理位置，空间形态与覆盖范围。

对于城市建设中的野生动物栖息地，还应考虑其对人与生态的景观价值。对栖息地的建设应有助于改善城市生态环境，提升市容市貌，并为市民与游客提供具有休闲、娱乐、科普、教育功能的场所。

4. 翔实的基底调查

对城市及其周边区域生境景观、物种资源、气象特征等的空间分布进行记录，并对区域尺度下潜在的生态风险和演变规律进行模拟与预测，借助景观特征评价生态风险评价等方法，以要素叠加的方式识别区域生态特征，为城市动物栖息地系统的布局提供数据支撑与分析依据。

5. 合宜的规划框架

栖息地体系的空间安排应该基于城市的绿地系统规划和城市野生动物的基底调查。城市绿地系统规划本身就是基于对城市发展与用地，通过"因地制宜、综合考虑、全面安排"的原则进行制定，是指导城市绿地详规与建设管理的重要依据，城市野生动物栖息地景观的设计与布局也应在此框架下进行。

6. 规划布局策略

宏观层面即区域尺度下的规划策略以"优化区域安全格局 – 建立动态结构关系 – 强化生物生境规划 – 强化区域规划统筹"为核心，具体包括：

（1）优化区域景观安全格局及建立动态结构关系，构建区域生态多样性的动态结构关系；（2）强化区域尺度下动物生境规划的整体考虑。

在中观层面上，既要承接区域尺度的宏观整体生态结构，又要结合城镇的发展现状、自然本底进行规划引导，公园城市的规划设计需要深入研究生态要素的组成、特征及其对城市环境的影响，形成以生态优先为导向的设计策略。在中观层面以整体生态系统的结构规划为核心，包括由生态极核、网状廊道、生态踏脚石串联的生态脉络等构成要素，构建有机整体的生态网络与屏障。具体策略包括：（1）构建"大型生态极核 – 网状生态廊道 – 生态踏脚石"组成的整体生态系统；（2）采用多规合一的手段，进行生态规划管控与发展引导。

栖息地系统的规划应遵循"因地制宜"原则，尊重场地特质，强调保护为先、适度开发。布局过程在确定栖息地单元时应以对已有栖息地的维护、恢复和提升为主，以开辟新的栖息地为辅。对栖息地的划定与开辟应尽可能遵循场地原有的自然生境景观风貌与野生动物本身的栖息状况。在规划布局的前期，通过实地调研结合地理信息监测，尽可能摸清市域环境的基本情况，将有助于践行因地制宜的布局原则，科学合理地确定栖息地的数量、位置、形态与范围（图 2-18）。

7. 动态监测视角

市域范围内栖息地短期季相变化的分析和中长期生境与物种多样性演变推演都是必要的。从短期来看，城市季相的经济活动更替、植被景观变

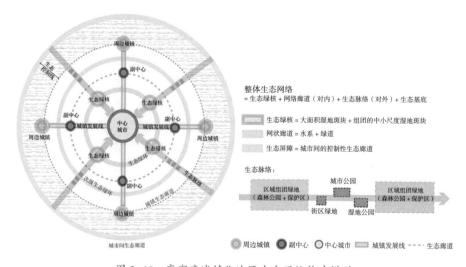

图 2-18　高密度城镇化地区生态网络构建模型

化、热环境变异等均会对栖息地生境产生影响，这不仅会导致城市季节性景观风貌的改变，也会影响野生动物的生活节律，因此，对动物栖息地季相更迭的变化评估是必要的。从中长期来看，物种多样性会伴随着城市栖息地环境承载力的改变而波动变化，而且这种变化是在以年为单位的时间颗粒度才逐渐显现的。栖息地数量的增减、栖息地的组织联通或破碎化、栖息地生境状况的改善或损害等引起环境承载力的变化的演替现象都是缓慢的过程；野生动物的多样性水平则通常呈 S 形曲线（先快后慢）的规律，滞后性地响应环境承载力变化。因此针对生境与物种多样性中长期变化的科学推演，将有助于合理评估城市栖息地生境提升措施的效果或帮助觉察人为扰动对栖息地与动物的危害程度。

2.5.2　微观（场地）尺度：栖息地单元规划设计

对城市野生动物栖息地单元（场地尺度）的规划设计应该遵循以下步骤：目标物种名录确定、分区规划、生境设计以及长期监控四个部分（图 2-19）。

1. 物种确定

对栖息地单元目标物种的选取将直接导控栖息地生境的划分、组织与施策。目标物种是通过对栖息地场地关于野生动物当前、历史、周边的种类与数量状况，

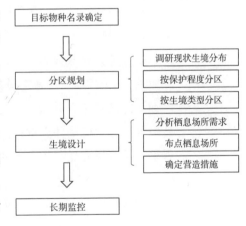

图 2-19　微观尺度的栖息地单元规划流程图

结合这些物种的珍稀程度、生态价值、经济价值、景观价值等筛选得出。这些目标物种被编制成名录，并根据其种属、生活习性、分布位置、对人为干扰的容忍度，在场地现状、周边和历史上的优势度等进行分组。探讨目标物种确定、筛选及分组的方法和理论包括物种落差分析法、焦点物种理论、伞种理论等，本书前面章节已对目标物种的相关内容进行详细介绍。

2. 分区规划

对栖息地单元的场地进行划分应同时，应基于场地条件与目标物种。一方面，生境景观的塑造应该遵循场地自身的气象条件与景观风貌，以最

小工程量为原则开展，最大限度维持区域的自然风貌，保留原有生态特征，体现特色；另一方面，根据野生动物目标物种名录提供的分组信息，可更有针对性地确定场地所需的生境类型和比例，以及对各生境的保护程度。

对场地的划分主要包括按照保护程度（限制人类扰动的程度）划分和按照生境类型划分。

按照保护程度进行分区，可将栖息地划分为核心保护区、缓冲区和功能区。核心保护区内严格限制游人进入，以保护动物栖息环境为主要目标；缓冲区有限制地开放少量游人进入，避免对野生动物造成过多扰动的同时起到教育与科普作用，该类型区域通常在陆地平面上应包围核心保护区；功能区则面向公众提供休闲娱乐等功能，该类区域在平面上与核心保护区应有缓冲区作为间隔，通常设置在栖息地的外缘，且对于保护强度高的栖息地不应设置该类区域。

按照生境类型进行分区，推荐采用 2019 年田家龙等人建立的栖息地分类体系。该体系结合我国野生动物栖息地保护管理与科学研究的需求，对国际自然保护联盟（IUCN）陆生野生动物栖息地分类体系进行了本土化调整。该分类体系共分为三级，包括一级 12 个（栖息地类）二级 66 个（栖息地型）三级 218 个（基本类型）。其中，一级分类包括森林、灌丛、草原、草甸、内陆湿地、荒漠、冻原、近海、人工陆地系统、洞穴、多岩地带、其他等。若生境条件支持，栖息地的景观类型应尽可能丰富，已有的实验观察与模拟研究显示，丰富的景观异质性有利于物种的生存、繁衍，以及生态系统的整体稳定。

对场地进行分区规划，可按照以下流程进行：

（1）调研现状生境分布：通过实地调查，结合卫星影像，描绘场地生境景观类型现状分布图。

（2）按保护程度分区：根据栖息地在城市建成区中的嵌入形式以及栖息地在城市宏观栖息地系统中的位置，确定场地的功能区、缓冲区和核心保护区。

（3）按生境类型分区：根据目标物种名录提供的分组信息、场地生境景观类型现状分布，以及对场地按保护程度的分区，对场地生境景观类型进行再规划。对于场地中本身生境良好、能为野生动物提供优质栖息环境的区域，则不应进行过多的人工干预，只需明确和划定某类场所的位置和边界，方便后期限制人员进入该类场地或对其采取保护措施。若场地环境中该类场地稀缺或景观风貌有缺陷，则需识别原有环境中具有发展潜力的空间，确定其景观风貌演进方向，并对其区域边界进行界定。

3. 生境设计

对栖息地单元的生境设计主要包括两个方面：一是对场地生境因子的干预措施的规划，二是对动物栖息场所的营造措施的规划。

能够被予以干预的场地生境因子包括场地的地形、植被、水体、土壤等，对场地生境的人为干预应以自然修复为主要方式，即按照最小人工干预的原则，通过人工措施引导生态系统通过自我调节、自我改善、自我适应与自然恢复，逐渐向某种景观风貌演变。根据对场地生境人为干预的强度，可将干预措施分为：保护、恢复、提升或重建。其中，保护是指不对场地生境进行过多的人为干预，使原有生境尽量保持原样，必要时可以在生境周围增设防护网或植物缓冲带，以限制人的进入；恢复是指通过少量人为干预措施恢复被破坏的生境，具体措施包括对植被的病虫害防治，对水体污染的治理等；提升是指前期对场地进行人为干预，激活生境潜力后，逐渐减少对生境的人为干预，让生境通过自我调节与改善自行演进，具体措施包括通过科学种植改善场地的植被风貌、通过水体地形处理调控水位等；重建则是对生境不良的场地投入较多人为干预，通过地形处理、植被营造、水系调控、土壤改良等方式对原有生境进行重塑，过多的人为干预会违背自然修复原则，但有时却是必须的，然而重建的措施必须在后期对生境进行持续性的监测与评价，若时间条件允许，还可在实际施工前对场地进行小尺度的预实验及模拟研究。通过对小范围内场地改善、恢复或重建措施实践的效果监测，结合软件模拟预测措施在中长期的实际效果，评估对场地采取的措施是否科学、合理、有效。

野生动物栖息场所可根据功能分为觅食地、汲水地、隐蔽地、休憩地、筑巢地、休眠地、交配地、繁育地等。对这类场地的营造措施的确定可按以下步骤进行：

（1）分析栖息场所需求：由生命科学背景的人员调查与分析目标物种的食性偏好、活动行为、求偶场、繁殖场所、筑巢场所、休眠场所与育幼环境。

（2）布点栖息场所：根据上一步调研结果，集合场地生境规划，确定不同场所的位置、范围和数量。

（3）确定营造措施：针对不同目标物种的不同场所，确定具体的营造措施。如在场地中种植满足目标物种食性偏好的植物，将场地水位调控到符合目标物种栖息需求。必要时还可引入某些人工设施，如布置人工鸟巢、鸟类招引模型、野生动物过渡笼舍等，但人工措施通常是过渡性的，用于在场地恢复初期引导野生兽类或鸟类种群的迁入或繁衍，在生境成熟后应逐步撤除人工设施。

对栖息地单元进行生境设计的方案需要在反复评估后才能最终敲定。需要强调的是，生境设计的合理开展需要有人居环境科学和生命科学背景的专家学者共同参与，并需要有着眼于长远绩效的战略定力和耐心。

场地尺度生境营造的技术路线框架（图 2-19），包括理论方法、实地实验与模拟研究、工程实践三个方面，形成"场地环境分析与影响因子评估——多样性生境系统分析研究——筛选地域性生境组合群落——小尺度实验及模拟检测——演替变化的动态模拟研究——实际项目运用与检测——建成后生境系统健康性评价与维护优化——景观过程控制与管理"的生境营造技术途径（图 2-20）。

4. 长期监控与健康评价

栖息地生境恢复是一个缓慢的历史过程，因此拟定对栖息地环境持续进行监测、评价、控制与管理的方案是十分重要的。目前，对生境的景观与生态价值进行评估的常见模型与方法包括：层次分析法，生境适宜性模型，社会价值评估模型，生态系统服务评估与权衡模型，针对湿地公园健康评价的 HLS 模型等。这些模型通常具有良好的实践与理论支撑，对栖息

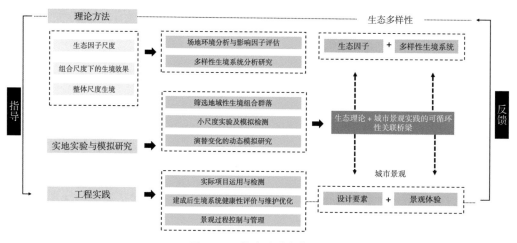

图 2-20　技术路线框架图

地生境的长期监控可围绕这些模型与方法展开。

　　通过对栖息地生境开展长期观测研究与健康性评价，进行持续性设计，能帮助我们更及时地发现栖息地演进过程中存在的问题，并在必要时给予适当的维护与优化。这将有利于降低重大生境转变以及消亡的概率，以及提升栖息地保护、恢复、提升或重建措施的有效性。

2.6　动物文化多样性应用

2.6.1　生物文化多样性理论

　　生物文化多样性是指生物多样性和文化多样性之间的相互关系，它包括生物多样性、文化多样性和二者之间复杂的联系。1988 年，生物多样性和文化多样性的复杂关系被明确指出。2014 年《佛罗伦萨宣言》重点阐述了生物多样性的概念以及生物多样性与文化多样性之间的关联性和整体性。由此，"生物文化多样性"作为完整的概念受到关注。

　　生物文化多样性理论的核心观点是：对生物多样性和文化多样性进行共同保护可能是减缓生物多样性降低速率的有效途径，由此生物文化多样性作为完整的概念受到关注，并形成了生物文化视角及应用于管理实践的生物文化途径。

　　生物多样性和文化多样性之间存在着相互依存、共同作用于公园城市空间并受环境影响的特点。对于同时具有较为丰富的生物多样性和文化多样性的生态环境，两者在地理空间内有一定的交叉重叠并在空间分布上表现出规律性，两者基于自身的发展和互相的影响而呈现共同增长或消减的特征，面对外部持续的干扰呈现出积极或消极的发展趋势，公园城市的可持续发展离不开对生物多样性和文化多样性的系统研究和综合利用。

2.6.2 生物多样性和文化多样性的关系

1. 生物多样性和文化多样性的相互作用机制

生物多样性和文化多样性的相互作用可概括为一方对另一方的正向干预和负面干扰，且进一步分为直接影响和间接影响。

（1）文化多样性对生物多样性的正向直接干预

人类根据自己的价值取向、文化趣味，通过经济生产、景观营造和生态保护等途径，增加了野生生物的多样性，风景园林造景中的某些动物作为信仰和愿望的寄托，被引入园林，《诗经·大雅·灵台》一篇对上古"园林"的记述可有"王在灵囿，麀鹿攸伏。麀鹿濯濯，白鸟翯翯。王在灵沼，于牣鱼跃。"从中可以看到鹿、鸟、鱼等多种动物的引入。

（2）文化多样性对生物多样性的正向间接干预

人们对生物和生物景观的文化记忆和精神信仰对日常的审美观念有着潜移默化的影响，人们习惯并接纳了这样的多生物景观模式，例如代表祥瑞的龟蛇、仙鹤等，产生心理认同，间接促进了生物的保护和传承。

（3）文化多样性对生物多样性的负面直接干扰

负面直接干扰以农业文化的干扰最为显著，在人类对粮食作物和经济作物进行选择并大规模耕种时，原有物种被驱逐，野生动物减少乃至消失；文化活动、景观改造、设施建设等各类人类活动产生的空间占用等干扰，使得原生资源受到挤压，外部资源进入存在一定的阻力，资源取舍的合理程度极大地影响着环境中的生物多样性；此类干扰还存在引入外来生物、打扰生物栖息、破坏生态平衡等多种隐患，不利于生物多样性的稳定发展。

（4）文化多样性对生物多样性的负面间接干扰

文化多样性的发展在一定程度上影响了各个研究单元的生物多样性表征，加剧了景观风貌、区位价值等方面的差异，此类现象会干扰人们对不同研究单元的心理接纳程度，并进一步影响后续对景观的改造和规划，从而间接干扰生物多样性；人们对生态保护和发展模式的理解和选择不同，受各自文化观念影响，传统与现代的保护发展模式之间存在冲突，若两种观念之间不能协调统一，将不利于生物多样性保护。

（5）生物多样性对文化多样性的正向干预

生物多样性是传统文化发展的环境基础，丰富的生物要素为文化创作提供了物质资源，也为文化信仰提供了物质寄托，有利于促进地域文化特征的形成和延续，生物多样性和文化多样性的发展互为依托、相辅相成；城市公园生物多样性的丰富，尤其是野生动物的丰富，不仅有利于提升生态环境质量，还能增加景观风貌的野性元素，使得人们真正获得回到自然中的环境体验。

（6）生物多样性对文化多样性的负面干扰

生物多样性对文化多样性的作用整体较为正向、积极，但在有限的空间和资源前提下，生物多样性的保护和发展势必会在一定程度上形成对文化多样性发展的空间限制，因此合理规划空间、分配资源是平衡生物文化多样性的重要途径。

综合以上生物多样性和文化多样性的相互作用，两者的作用机制表现出以下特征：

1）总体上两者是相互促进的关系，文化多样性能够维持、保护生物多样性，生物多样性是对文化多样性的丰富和发展。

2）价值观和发展目标的差异会影响发展结果，当价值取向和发展目标分别侧重于自然环境、人类自身和天人合一的整体时，两者的干预方式会呈现出正面或负面的不同属性。

3）两者的发展存在一定的冲突，但只有两者相互协调才能促进生态环境的可持续发展，因而需要探索平衡发展的合理途径。

2. 生物多样性和文化多样性的危机共存

经济全球化、农业工业化和城市化，对生物多样性和文化多样性同时产生着威胁。由经济利益驱动的高强度资源开发利用，尤其是土地资源的开发，造成了生物资源的减少，同时也破坏了传统文化赖以生存的生物环境，因而也对传统文化造成毁灭性的破坏。栖息地遭到破坏和生物资源的过度利用是生物多样性降低的主要原因，遭到主流文化的同化、城市化以及全球化是文化多样性降低的主要原因。两个原因之间存在密不可分的联系，从而导致两者往往面临共同的威胁。在少数民族和传统社会中，两者在长期的相互作用中，不断互相适应形成了动态平衡，当其中任意一方受到侵扰，平衡就会遭到破坏，两种多样性都会受到损害。因此，任何保护生物多样性的实践都应伴随着对文化多样性的理解和保护。

3. 生物多样性和文化多样性的空间重合

在历史变迁、城市发展、社会经济文化活动等多种因素综合影响下，形式多元的人类活动在同一空间中发生，对生态空间造成了生物多样性和文化多样性上的共同影响。两者的关系首先反映在地理空间的重合上，许多生物多样性的热点区域也是文化多样性核心区域。Chapin（1992）绘制了美国中部森林覆盖和土著家园地图，Terralingua（时间）和WWF（时间）采用同样的方法广泛开展了地理关系绘制以及识别多样性热点的工作，生物多样性和文化多样性地理空间上的重合是其中重要的发现。如 Maffi 发现 83% 的 IUCN 列出的生物高度多样性国家同时在语言丰富度排名中占据前 25，而根据语言丰富度与植物、无脊椎动物丰度所绘制的地图高度重合。Sutherland 通过对全球物种和语言的研究，发现高语言丰度往往伴随着高鸟类及哺乳动物丰度，这两类多样性指标与国家面积、纬度、森林覆盖率、最高海拔均有密切联系。

在海珠湿地公园城市生物文化多样性调查中，我们发现公园鸟类类型、空间分布和场地内农业文化分布在空间上有很高的重合性（图 2-21）。

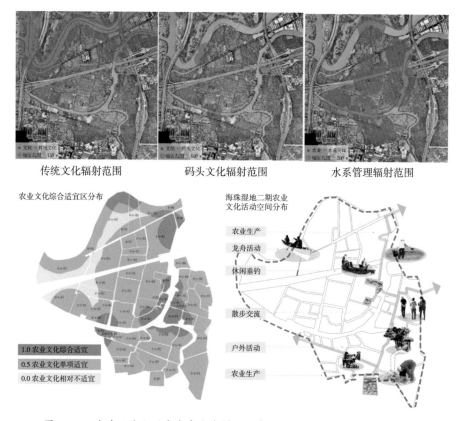

图 2-21　海珠湿地公园城市鸟类多样性和农业文化活动在空间上高度重合

4. 生物多样性和文化多样性的协同发展

生物文化多样性理论的缘起和发展，受启发于少数民族传统生态智慧在保护生态环境以及生物多样性中发挥的重要作用。以下两个事例，生动地说明民族传统生态智慧与生物多样性之间的相互作用和协同发展：“有意大利摄影师早前深入巴西东部亚马逊热带雨林，找到一个名为阿瓦（Awa）的原始部落，将它们的日常生活拍下。部落女性会以母乳喂养小松鼠，而动物亦会回馈些水果，显示它们与大自然和睦相处之道。”“48 岁意大利摄影师普格利泽（Domenico Pugliese），于 2009 年联同一名记者及一名人类学家，首次走入阿瓦。普格利泽一行人与族人生活了两天，发现他们待动物如亲人，不但在夜里照料它们，又会喂饲母乳，而动物亦会为他们剥果壳及爬树收集水果，相处融洽。族人收养野猪、猴子、松鼠、鹦鹉等，而当中最为喜爱的是猴子。部落族人以灵长目动物为主食，但每当它们生下幼儿，就会将它们当作家人，以母乳喂哺。”

与生物文化多样性理论具有近似观点和方法的多物种民族志研究，更以众生平等的视角看待自然界中的所有生物，认为动物、植物、细菌、病毒和微生物都成为主角，和它们的同伴物种（人类）占有同样的地位和分量：它们不再是被消费的对象，而是和人在一起，共同制造、生产、编织着大家赖以生存的时空和星球。它们不仅仅是我们解释、认识一个社会、族群、国家文化体系的镜像，同时也是现实的存在，是与我们共存的伴侣。

生物多样性和文化多样性的协同现象突出体现在传统农业智慧中，例如，稻田、鱼塘与森林生态系统共存，是贵州从江侗乡稻、鱼、鸭系统的普遍景象。通过挖塘储水养鱼，人为创造水生环境，被称为“庄稼保护者”的野生蛙类会成倍增加，进而有效控制害虫爆发；通过在稻田间集中开辟林地，将稻田按等高线分割开，形成稻田、林地交错分布的景观结构，可以通过增加益鸟的数量，减少害虫。

2.6.3 介入文化多样性的动物多样性策略

在公园城市建设中，基于生物文化多样性理论和生物多样性和文化多样性协同发展的思路，通过介入生态、水利、农业等文化多样性，可以达到在公园城市中提升动物多样性，同时增加文化多样性的双重目标。

1. 介入生态保育文化的动物多样性策略

价值观和发展目标的差异会影响发展结果，当价值取向和发展目标分别侧重于自然环境、人类个体和天人合一的整体时，生物多样性和文化多样性的干预方式会呈现出正向或负面的不同属性；对于具体的需要进行生态修复公园城市保护对象，其功能定位、价值取向和发展目标各不相同，因而必须先明确价值导向，才能采取相应的生态策略。

在海珠湿地公园城市的生态修复策略中，通过当代生态保育文化的介入，强调在核心区的生态保育与增加动物多样性，以生态要素资源为依据将全区保护层级分为核心保护区、限制开放区和开放活动区（图 2-22）。

将以生态保育价值为中心的人工湿地区域全部划为核心保护区，以人工建设生态湿地的方式，置入当代生态保育文化，通过主动的人工干预，优化生物生境，增加生物多样性，重点营造水鸟生境。在人工湿地区域针对垛基果林地块位置和周边生境特点进行改造，使其更符合水禽的生境需求，从而达到增加滨水野生动物多样性，尤其是鸟类多样性的目标。

核心保护区的功能细化为：

（1）湖泊湿地：常年蓄水区域，深水区，对现状地块进行改造和水面扩展，从土华涌引水至湿地，通过水生植物群落营造成为重要的净水区和游禽生境。

图 2-22　公园城市三种不同价值导向的用地功能定位——以海珠湿地为例

（2）沼泽湿地：感潮浸水区域，浅水区，地势高于湖泊湿地，生境随潮汐变化为浅水塘和滩涂，局部设置地势更高的微型岛屿，成为涉禽及其他鸟类重要的栖息、觅食、活动空间。

（3）疏林岛屿：设置于湖泊、河涌和浅水区之间，保留原有果林和植被，间植大乔木，为周边水禽提供食源和活动空间。

（4）疏林沼泽：以垛基为基底，加深沟渠，引入不同生活型的乔灌草植物丰富林木结构，关注林窗和林缘的设计，成为攀禽、鸣禽等鸟类的主要生境。

（5）密林区：保留部分垛基果林肌理和植被，在各单元种植不同的林木，如现状已成型的竹林，以及增加阔叶林、针叶林和混交林，临水区域减少林木设置浅滩，临沼泽区域可挖塘引水，成为林鸟的主要生境（图 2-23）。

2. 介入农业水利文化的动物多样性策略

价值导向的空间功能分区，为生态 – 文化协同保护与发展建立了空间基础，基于功能分区的不同景观营造是增加动物多样性的有效策略。除此之外，生物文化多样性协同的传统生态智慧，如农田水利、农林复合等，也为生物文化多样性视角下的动物多样性保护策略提供了参考。在公园城

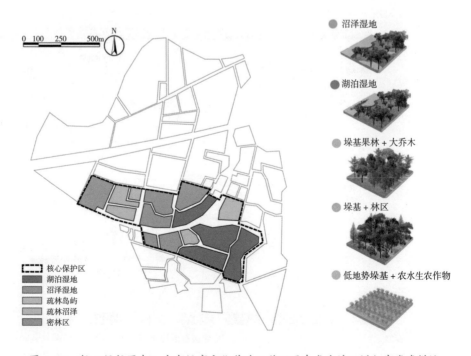

图 2-23　核心保护区介入生态保育文化营造 5 种不同鸟类生境以增加鸟类多样性

市动物多样性保护提升策略方面，通过传统生态智慧启发下的文化介入策略，借鉴传统农业水利文化中的时空调度手段，在微观尺度上促进生态要素和文化要素融合发展和动态协调，同时增加动物多样性和文化多样性。

海珠公园城市建设中，其北部的石榴岗河作为整个湿地公园的主要水源，东部与珠江相连，蜿蜒向西贯穿湿地各期，与河涌、内湖、沟渠共同形成完整的传统智慧下的基塘水网系统，各级水体间多设置水闸以应对珠江不规则半日潮的潮汐涨落，达到调水、补水、净水等目的。同时潮汐涨落之间，水陆缓冲区域面积较大，此类区域易形成滩涂，是水生生物重要的栖息空间，也是鸟类重要的食源区域（图 2-24 和图 2-25）。

公园的主体要素——水体是联系生物和文化多样性的关键要素，通过合理的水系控制，能够提升生物保育、农业生产、生态修复和景观效果多方面的效益。因应感潮河网的自然地理特征，研究提出随潮而动的水系控制策略，充分利用研究范围内现有的水闸并根据需求适当增加设施，形成对水生态空间的科学管控。重点控制水深和流速，水深差异影响鸟类活动范围而流速则决定了滩涂上动物性食源的丰富度；地表人工湿地系统通过控制进出水调整水体净化的时间并形成静态水或动态水的不同景观风貌，

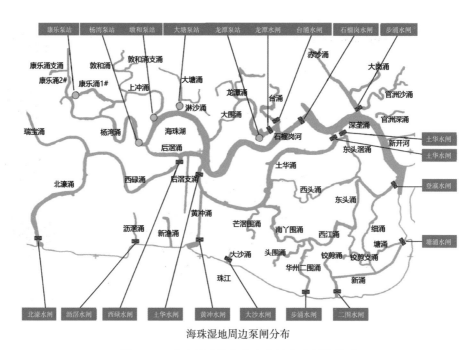

海珠湿地周边泵闸分布

图 2-24　海珠湿地随潮汐变化的水系调控体系

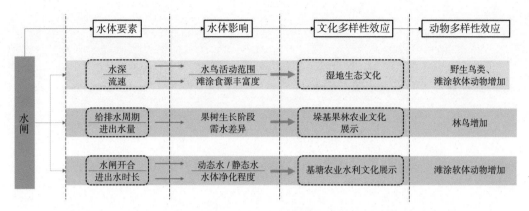

图 2-25　农业水利文化介入对提升野生动物多样性和文化多样性的作用示意

并容纳了基塘农业文化。通过对随潮而动的水系控制，在湖泊湿地和沼泽湿地中，营造更好的水鸟栖息生境，达到提高野生鸟类、滩涂软体动物多样性的目标，其地域性农业基塘水利系统也成为展示当地农业水利文化的生动窗口，保护及发展了公园的文化多样性。

2.6.4　小结

在简介生物文化多样性理论，生物多样性和文化多样性的相互作用机制，生物多样性和文化多样性的相互作用和协同发展的可能途径的基础上，本章节以介入文化多样性为主要方式，探讨生物多样性和文化多样性共同保护的技术策略。从规划角度提出了介入当代生态保育文化的空间管理策略、从时间维度提出了介入农业水利文化的水系统分时调度策略，以保护和提升动物多样性。通过理论综述和策略分析，探讨了对生物多样性和文化多样性进行共同保护不仅是减缓生物多样性降低速率的有效途径，甚至还可能取得生物和文化多样性的协同发展。

第 3 章

技术规范与指南

3.1   城市绿地鸟类栖息地营造及恢复技术规范

3.1.1   基本原则

1. 自然恢复的原则

城市绿地鸟类生境生态恢复应充分保留和利用天然的地形地貌、植被和水系等自然环境要素，对已经退化的植被群落要以乡土植物为主进行恢复和重建，鸟类恢复目标物种应选择本土物种。

2. 生境多样的原则

根据鸟类的生活习性，充分考虑鸟类饮水、隐蔽、觅食、繁殖以及夜栖等生存需求，营造和恢复不同功能的群落类型和栖息地环境。

3. 近远期结合的原则

在城市绿地鸟类多样性恢复过程中应考虑绿地生态系统整体演变过程，包括绿地本身的演变过程，以及不同修复阶段恢复的目标物种与栖息地耦合的动态变化过程。

4. 综合系统的原则

鉴于鸟类的栖息地需求特征，在招引鸟类时，重点考虑目标鸟种，同时要兼顾其他鸟种；招引手段以生境改造与营建为主，同时可考虑根据食物链和食物网调控机理予以招引，还需考虑对鸟类危害进行无害化控制。

3.1.2   基础生态调查

1. 调查范围

（1）调查范围应包括被恢复区域及其外围影响区域，辐射影响半径视恢复区大小及周边生境组成情况而定，一般宜将周边重要绿地、湿地、迁徙廊道纳入调查范围。

（2）候鸟的调查宜考虑城市绿地对迁徙路线的影响，适当扩大调查范围。

2. 调查对象与内容

调查对象应主要包括鸟类和栖息地，调查内容宜符合表 3-1 的规定。

城市绿地鸟类多样性恢复的前期基础生态调查内容　　　　　　　　　　　　　　　　　　　表 3-1

调查对象	调查内容
鸟类	物种组成、丰度与多度
	最新发现时间
	活动生境与利用情况
栖息地	土地权属
	植被类型与分布
	生境组成、面积、特点与空间分布
	人类活动干扰类型、强度与分布
	捕食者、食源情况

3. 野外调查时间

调查时间应根据调查目标鸟类和区域鸟类的繁殖、迁徙及越冬习性确定，并应符合《生物多样性观测技术导则　鸟类》HJ 710.4—2014 中第 7 章的规定。

4. 调查方法

以全面掌握调查范围内与鸟类相关的本底状况、多样性现状、演变趋势与成因以及栖息地状况等为目的，其中鸟类调查、生境与干扰的记录按照《生物多样性观测技术导则　鸟类》HJ 710.4—2014 执行；植被按照《中国植被》的分类原则执行。鸟类与栖息地调查方法宜符合表 3-2 的规定。

鸟类与栖息地调查方法　　　　　　　　　　　　　　　　　　　　　　　　　　　　　　　表 3-2

调查对象	类型	通常调查方法	适用内容
鸟类	历史调查	资料搜集法	物种组成与丰富度；最新发现时间
		访问调查法	
		专家咨询法	

调查对象	类型	通常调查方法	适用内容
鸟类	现状调查	样线法	物种组成与丰富度；最新发现时间；活动生境与利用情况
		样点法	
		直接计数法	
		红外相机自动拍摄法	
		声纹自动记录法	
栖息地	历史调查	资料搜集、历史遥感影像解译	植被类型与分布；生境组成与分布；人类活动干扰类型、强度与分布
		访问调查法	
		专家咨询法	
	现状调查	遥感影像解译法	植被类型与分布；生境组成与分布；人类活动干扰类型、强度与分布
		人机交互式目视判读法	
		样方法	植被类型与分布
		实地踏查法	人类活动干扰类型、强度与分布
		资料收集法	土地权属

3.1.3 栖息地质量评估

1. 区域尺度评估

区域尺度从维系鸟类生物多样性角度，对调查范围内绿地鸟类栖息环境适应性进行评估，一般宜考虑气候降水、水源和食物的可获得性以及干扰度。

建立区域评估指标后，可选用地理信息系统采用层次分析法和栖息地适应性评估模型，对区域性的鸟类栖息地适应性进行评估，评估指标权重可采取专家打分法获取。

2. 场地尺度评估

场地尺度鸟类栖息地质量是针对某场地内绿地栖息环境的适宜性评估，主要包括栖息地重要性、物种多样性以及人类活动。栖息地重要性考虑栖息地适宜性、濒危珍稀物种比例；物种多样性主要考虑植物植被、鸟类多样性、目标物种多样性；人类活动主要考虑旅游干扰、人为活动干扰。场地鸟类栖息地适宜性评价指标分为目标层、要素层和指标层。表 3-3 中给出了场地尺度鸟类栖息地适宜性评价指标的具体要求。

场地尺度鸟类栖息地适宜性评价指标　　　　　　　　　　　　　　　　　　　　　表 3-3

目标层	要素层	指标层
栖息地重要性	栖息地适宜性	植物分布
		水域分布
	濒危珍稀物种比例	国家 I 级、II 级、省重点保护物种和全球濒危物种数占场地内鸟类物种数比例
物种多样性	植物植被	NDVI 指数
	鸟类多样性	鸟类物种数
		鸟类个体总数量
		种与面积比例
		香农多样性指数
	目标物种多样性	目标物种占场地鸟类数量的比例
人类活动	旅游干扰	游客强度
	人为活动干扰	居民点密度
		道路密度

建立场地评估指标后，可选用 GIS，采用层次分析法和模糊综合评价法对场地尺度鸟类栖息地的适宜性进行评价，评估指标权重可采取专家打分法获取。

3. 栖息地质量评估分级

根据评估结果，将区域鸟类栖息地适应性分为 3 类，即适宜栖息地、一般适宜栖息地、不适宜栖息地，生成区域鸟类栖息地适宜性地图。表 3-4 给出了栖息地适宜性评价分级特征。

鸟类栖息地适宜性计算公式如下所示：

$$HSI \sum_{i=1}^{n} W_i f_i \qquad (3-1)$$

其中，HSI 为区域鸟类栖息地的适宜性；n 为指标因子的个数，W_i 为指标权重，f_i 为指标因子计算值。

栖息地适宜性评价分级特征   表 3-4

栖息地分级	特征
适宜栖息地	鸟种类丰富、种群数量较多的栖息地，且鸟类经常利用、长时间停留、人类活动影响的栖息地
较适宜栖息地	鸟种类较丰富、鸟类偶尔利用、短暂停留、人类活动影响小的栖息地
不适宜栖息地	不适宜鸟类生存和生活的栖息地

3.1.4 恢复目标物种确定

1. 目标鸟类确定

根据基础调查结果，结合历史资料，可将以下 3 类作为重点恢复目标物种：（1）历史上有分布但现已消失的种类；（2）恢复区周边有分布但区域内已消失的物种；（3）在恢复区内有分布，但个体数量稀少的物种。

2. 与生境相适应

目标鸟类应与生境条件相适应，陆地为主的绿地恢复目标物种主要为陆鸟，湿地、水体为主的绿地主要为水鸟。

3. 适度多样性

恢复目标宜适当保持区域或场地内鸟类功能多样性，通常应涵盖至少两种功能类型，以保持绿地生态系统较高的生产力，较强的恢复力和入侵抵抗力。

3.1.5　鸟类生物多样性恢复规划

1. 区域生物多样性保护安全格局

（1）区域保护热点地区

采用保护空白分析方法，利用物种分布数据建立分布散点图或分布模型，叠加所有恢复目标得到物种分布格局，再与区域现有自然保护地（包括国家公园、自然保护地和自然公园）叠加，基于 GIS 技术进行空缺分析。

热点地区主要是指那些分布在保护区之外、生物多样性较丰富、对环境变化反应较敏感的地区。将区域生境图、鸟类物种丰富度图、国家级保护鸟类分布图相叠加，将以下四类位于自然保护地外的地区确定为生物多样性的热点地区：1）生境多样性高；2）鸟类物种丰富度高；3）具有稀有濒危鸟类分布；4）人类活动干扰较弱。

热点地区斑块可以作为区域鸟类生态保护安全格局中源或脚踏石，应当优先进行保护。

（2）区域生态廊道体系

作为鸟类迁移的重要通道，一般按以下原则选择：

1）自然河道、滩涂。

2）以林地、湿地为主体构建的连续线性生态空间。

3）鸟类聚集分布区域、鸟类主要的繁殖、越冬地或种群数量特别大的迁徙停歇地。

4）重要鸟类的主要栖息地。

2. 场地尺度功能分区

根据场地的生态条件、植被及恢复目标鸟类的生活习性特点，对场地范围内按照栖息地要求进行功能分区，一般宜包括觅食地、夜栖地、繁殖地、越冬地等，建立适宜鸟类生存的栖息环境。

3.1.6　不同功能栖息地构建与恢复

1. 觅食地生态修复

（1）觅食地分类

觅食地是鸟类取食行为的发生空间，鸟类的取食行为主要体现为食性、取食生态位 2 个方面的特征。鸟类的食性可分为植食性、食肉性、食虫性、杂食性，一些物种的食性会因季节、食物多寡、年龄等因素的改变而改变。表 3-5 给出了不同鸟类群落类型主要食物种类。鸟类的取食生态位可分为近水区域取食、地面 – 灌草丛取食、树冠 – 枝叶取食、空中取食等。

觅食地的生态修复，要根据不同目标物种的食性特点和取食生态位，营造不同的生境类型，形成相对稳定的食物网，满足鸟类食性的季节变化和取食生态位的变化。在植被种植设计时，宜选择鸟类觅食偏好的乡土物种，兼顾景观效果，形成鸟类 – 昆虫 – 植物三者较稳定的食物链；宜构建乔 – 灌 – 草立体生态位结构，保持一定的林下地被覆盖；植物群落的花期和果期宜涵盖不同季度，可为常绿落叶混交林、针叶阔叶混交林；在进行水域设计时要考虑本土鱼虾、甲壳类等水生动物的补充等。

（2）水体类型觅食地

包括中大型水体、中小型水体、小型池塘、河流、小型溪流等。构建要求为：

1）水体类型觅食地受季节性洪水的影响较大，植物被水淹没的时间相对较长，应以耐水淹的植物为主。

不同鸟类群落类型主要食物种类　　　　　　　　　　　　　　　　　　表 3-5

鸟类群落类型	生境特征	主要食物种类
水域型	水面	鱼类、甲壳类、水生昆虫、水生植物
	浅滩	
开阔区域型	草地	植物的茎和叶、果实、种子、昆虫、小型哺乳类、蛙类、爬行类
	农田	
灌丛型	灌丛	植物的茎和叶、果实、种子、昆虫、小型哺乳类、蛙类、爬行类
林地型	乔木 + 灌木	
城市型	道路	杂食性
	建筑物	

2）在环境脆弱地区宜选择耐污能力强的植物，保证植物可以正常生长，有利于周围污染物的吸收净化。

3）植物配置由岸到水宜遵循"陆生乔灌草 – 沼生植物 – 挺水植物 – 浮水植物 – 沉水植物"的规律，形成多层次、多样性的植物合理搭配，保障植物群落结构的稳定性。

4）构建一定面积的深水区域，平均深度宜为 0.2~1.5m，为水鸟提供觅食地；水体近岸一侧宜以泥滩为主，栽植芦苇及灌木丛，补植多枝杈灌木，或在水体中建立微地形及河心岛，为鸟类提供繁殖栖息场所。

5）可在水体底部放置石块，增加水流条件复杂度和水体丰富度，石块间隙能吸引鱼虾等水生生物；可在水体中投放枯树枝或自然倒伏的树干，为两栖类等提供庇护、攀爬的场地。

6）岸线构建宜适当延长岸线的长度，可用弯曲多变的水岸线增加水体与陆地的接触面，创造更多类型的水域环境，为鸟类提供理想的栖息生境。

（3）湿地类型觅食地

包括裸露滩涂、矮小草本为主的浅滩、高大草本为主的浅滩、红树林等。构建要求为：

1）湿地类型觅食地受丰水期、枯水期、潮汐等的影响较大，应选择耐水淹、耐干旱、耐盐等的植物；距离觅食地 $2hm^2$ 范围内宜有湿地，面积不小于 $4hm^2$，且常年有水；面积大于 $8hm^2$ 的湿地，应考虑建设水鸟栖息地；应构建食源性为主导的沉水植物—浮叶植物—挺水植物水生植物群落。

2）高潮位栖息地修复，应设在非涨落带，宽度大于 1.5m，长度大于 30m；应为低矮草丛、裸地或石滩；一般离人类活动区应大于 50m。

3）浅滩修复，具有面积 $1hm^2$ 以上开阔水体的湿地，应营造浅滩，满足鸟类觅食需求；浅滩宜在临近水面起伏不平的开阔地段营造；坡度宜在 1‰ ~4‰之间，宽度不宜小于 5m，常水位下淹水深度宜为 0.1~0.3m；可种植低矮植被，或为裸露的泥滩或沙石滩；浅滩水生植被覆盖率宜小于 20%；水深应不超 0.3m。

4）中深水区修复，具有面积 $8hm^2$ 以上开阔水体的湿地，宜营造中深水区；水深应为 0.5~1m；宜种植沉水植物，覆盖率不超过 40%。

5）深水区修复，保育鱼类，水深应超 2m，深水区面积占水域面积 30%。

（4）陆地类型觅食地

包括草地、灌丛、若干大型乔木组团（群落空间）、多层次乔木林等。构建要求为：

1）为周边林鸟提供食源，种植一年四季开花结果植物。早春季节是鸟类食物资源相对匮乏的时期，可适当增加早春季节挂果的植物种类。在食物短缺的冬季，可种植一定数量的浆果类树木，满足留鸟种群、越冬候鸟冬季生存最低限度的取食需求。

2）应丰富植被垂直结构，构建由乔木（大、中、小）、灌木、草丛逐渐过渡的植物群落结构。

3）绿地不宜过于分散、斑块化，应有两三片集中绿化区。

4）植物种类宜选择结果开花植物为主。

2. 夜栖地生态修复

夜栖地可与繁殖地协同生态修复。夜栖地是鸟类夜间栖息的场所，需要营造人工干扰程度小、安静隐蔽的场所，鸟类一般借助植物遮蔽来实现夜栖。

（1）平均每 2hm^2 栖息地可营造不小于 100m^2 的乔灌草密植区作为夜栖地，郁闭度宜不小于 85%；区域中部可种植高大多枝丫的乔木，以小乔木、灌木、地被平滑过渡，边缘处以灌草丛为主。

（2）湿地类型的夜栖地，可根据目标物种的生态习性，补充一定数量的栖木桩。

（3）可安放一定数量的目标物种的仿真模型和声音招引设施，待形成稳定的夜栖种群后，移走仿真模型和声音招引设施。

3. 繁殖地生态修复

（1）林鸟类繁殖地半径 1000m 范围内，宜有觅食地，便于鸟类就近取食育雏；安装部分鸟巢、仿真模型和声音招引设备，待形成稳定的繁殖种群后，移除模型和设备。

（2）水鸟类繁殖地内宜有一定量的滩涂和水体；安装部分鸟巢、仿真模型和声音招引设备，待形成稳定的繁殖种群后，移除模型和设备。

（3）充分考虑当地气候因素，尤其是盛行风向，可通过种植隔离林带与灌丛带等减少风力以及由此带来的浪潮侵害，为鸟类繁殖提供保护屏障。

（4）人工鸟巢的生态构建应根据目标鸟类的生理特征进行合理的配置，可分为地面巢、水面巢、灌草丛巢、树冠巢、树洞巢、建筑物巢、寄生巢等。人工巢址半径 300m 范围内宜有觅食地，便于鸟类就近取食育雏。

（5）可使用湖心岛、封闭的半岛、自然滩涂、未开放区域等低干扰区进行繁殖地构建：1）具有面积 8hm² 以上开阔水体的湿地，宜在开阔水体中营造湖心岛、封闭的半岛、自然滩涂、未开放区域等。2）湖心岛、封闭的半岛、自然滩涂、未开放区域等在常水位下应出露水面，并与岸上区域隔离；出露水面高度宜为 0.5~1.5m，岸带坡度宜小于 15°，针对鸟类栖息的环境地形宜平坦、低矮，也可建成浅滩；浅滩总面积占开阔水体面积不宜超过 10%；60%~80% 面积应密植高大、枝桠较多的植被种类。

（6）绿地游览路线设计应更好地保护鸟类栖息环境，应避开湖心岛、封闭的半岛、自然滩涂、未开放区域等繁殖地，实现最小化干扰。可设置观鸟游线，但应设计合理环保的观鸟线路、观鸟点及观鸟内容等，尽量减轻对繁殖地的压力，减少对鸟类生活的干扰。

4. 越冬地生态修复

（1）林鸟类越冬地植物选择、配置模式参照觅食地修复，但在食物短缺的冬季，宜种植一定数量的冬季着果的浆果类树木、保留植物种子等，满足越冬种群冬季生存最低限度的取食需求。应考虑到早春食物资源的匮乏，宜种植早春挂果的植物和农作物，或人工补充稻谷等食物。

（2）水鸟类越冬地植物选择、配置模式参照觅食地、繁殖地修复。针对游禽，宜有开阔的水域，水深 30~150cm；针对涉禽，宜有开阔的水域，水深不超过 30cm。

3.1.7　鸟类招引与环境干扰控制

1. 鸟类招引

（1）声音招引

1）根据鸟类不同功能栖息地的修复需求，播放不同行为的声音。在繁殖地和夜栖地，以播放求偶、交配、育雏等声音为主；在觅食地和越冬地，以播放发现食物的声音为主。

2）在鸟类开始繁殖期、越冬期开始前 20~30d，随机播放相关鸟声。

3）在形成相对稳定的鸟类群落后，停止播放。

（2）仿生模型招引

1）根据恢复目标物种，安放 1∶1 仿生模型。

2）仿生模型宜有不同的行为模式，包括求偶、繁殖、觅食、休息等。

3）仿生模型宜与声音设施同位置安放，在形成相对稳定的鸟类群落后，移除仿生模型。

（3）食物招引

在营造觅食地的基础上，在其他功能栖息地恢复区与周边环境的连接处设置食物投喂点，投喂点应避开人为干扰，冬春季应增加食物投放量。食物可包括植物的果实、种子、鱼虾等。

（4）人工巢箱招引

1）根据目标物种的营巢特点，增加人工巢箱，宜在繁殖期前 1~2 个月安放，巢箱之间要保持一定的距离。

2）在人工巢箱附近可安放声音招引设施。

2. 环境干扰控制措施

（1）重要鸟类生境与周边人为活动频繁的区域应设置相应的隔离缓冲带，可通过构建复杂群落，增强鸟类生境隐蔽性。不具备缓冲带设置空间的，可通过挡墙建设加强隔离。

（2）若恢复区受到噪音污染，宜密植具有观赏性的乡土物种，建立噪音隔离带、密集植物群落降低噪音。

（3）使用绿篱等软性手段控制游客活动范围。在游客活动较为频繁的区域，可种植灌丛植物形成绿篱，绿篱高度宜 1.2m 左右，既能控制游客的活动范围，又不影响游客观鸟。

3.1.8 可持续管理

1. 养护管理

（1）应避免过度使用农药，宜使用物理、生物防治为主控制害虫密度，应考虑到部分类型虫害是有些鸟类食源的因素。

（2）应加强水体及湿地植物的修剪与养护，避免水体富营养化破坏食物网。

（3）应避免在鸟类繁殖期进行植物修剪工作，避免在养护工作中伤害鸟巢，特别应限制在繁殖期对树木的修剪。

（4）在鸟类恢复场地，特别是对于夜间依靠星光和月光导航飞翔的鸟类，应严格控制场地及周边夜间照明强度，避免光污染对其影响。

（5）裸露的浅滩的保护与维护，应避免被植物侵占，根据需要适时清除，应避免形成单一植物类型的水生植物。

2. 入侵物种与禽类疫病防控

（1）应加强入侵动物、植物的防控，具体种类参考生态环境部发布名单和本地调查资料。

（2）应加强禽类疫病防控工作，发现病鸟、死鸟及时上报有关部门。

3. 观鸟活动与设施管理

鼓励以爱鸟、护鸟为目的的观鸟活动；观鸟设施及通道宜尽量隐蔽，观鸟点与保护核心区保持一定距离。

3.1.9　后续监测与评估

1. 制定后续监测计划

（1）监测目标

监测目标为掌握城市绿地内目标恢复鸟类的恢复情况，包括数量、种类组成、分布和种群动态；或评估生态修复方法的成效；或对生态修复方法进行调整。

（2）监测对象

1）鸟类群落及数量监测。对城市绿地内所有鸟类物种及数量进行监测。

2）恢复目标鸟类监测。对城市绿地内恢复目标鸟类物种及数量实施监测。

3）常见鸟类监测。对城市绿地内选择一个或多个指示性常见鸟类进行重点监测。

4）保护及受胁鸟类监测。选择城市绿地内保护及受胁鸟类实施重点监测。

（3）监测内容

包括：监测人员及监测工作安排，高分遥感数据获取与解译，样地设置，样方、样地、样带的设置，监测指标，监测时间和频次，数据处理和分析，监测数据质量控制等。

（4）监测方法

按照《生物多样性观测技术导则 鸟类》HJ 710.4—2014执行。

2. 定期监测方法

鸟类的监测方法，按照《生物多样性观测技术导则 鸟类》HJ 710.4—2014 第 5.3 条执行。评估指标主要包括鸟类丰富度、多度、密度、多样性指数、保护及受威胁鸟类丰富度、恢复目标鸟类丰富度以及外来物种入侵度等，按照《区域生物多样性评价标准》HJ 623—2011 执行。

3. 后续评估与调整

（1）后续评估方法

1）历史参考评估法

计算公式如下：

$$T_{\mathrm{h}} = \left(\frac{R_{\mathrm{c}}}{R_{\mathrm{h}}} + \frac{A_{\mathrm{c}}}{A_{\mathrm{h}}} + \frac{D_{\mathrm{c}}}{D_{\mathrm{h}}} + \frac{\alpha_{\mathrm{c}}}{\alpha_{\mathrm{h}}} + \frac{P_{\mathrm{c}}}{P_{\mathrm{h}}} + \frac{O_{\mathrm{c}}}{O_{\mathrm{h}}} \right)/6 \tag{3-2}$$

其中，T_{h} 为以历史记录为参考的恢复指数，R_{c}、R_{h} 分别为鸟类丰富度的恢复值和历史值，A_{c}、A_{h} 分别为鸟类多度的恢复值和历史值，D_{c}、D_{h} 分别为鸟类密度的恢复值和历史值，α_{c}、α_{h} 分别为鸟类多样性指数的恢复值和历史值，P_{c}、P_{h} 分别为保护及受威胁鸟类丰富度的恢复值和历史值，O_{c}、O_{h} 分别为恢复目标鸟类丰富度的恢复值和历史值。

2）初始参考评估法

计算公式如下：

$$T_{\mathrm{i}} = \left(\frac{R_{\mathrm{c}}}{R_{\mathrm{i}}} + \frac{A_{\mathrm{c}}}{A_{\mathrm{i}}} + \frac{D_{\mathrm{c}}}{D_{\mathrm{i}}} + \frac{\alpha_{\mathrm{c}}}{\alpha_{\mathrm{i}}} + \frac{P_{\mathrm{c}}}{P_{\mathrm{i}}} + \frac{O_{\mathrm{c}}}{O_{\mathrm{i}}} \right)/6 \tag{3-3}$$

其中，T_{i} 为以初始记录为参考的恢复指数，R_{c}、R_{i} 分别为鸟类丰富度的恢复值和初始值，A_{c}、A_{i} 分别为鸟类多度的恢复值和初始值，D_{c}、D_{i} 分别为鸟类密度的恢复值和初始值，α_{c}、α_{i} 分别为鸟类多样性指数的恢复值和初始值，P_{c}、P_{i} 分别为保护及受威胁鸟类丰富度的恢复值和初始值，O_{c}、O_{i} 分别为恢复目标鸟类丰富度的恢复值和初始值。

（2）调整

按照表 3-6 规定，根据 T_{i}、T_{h} 值的分布范围对生态恢复进行动态调整。

鸟类多样性恢复后续评估调整依据表　　　　　　　　　　表 3-6

历史参考评估值 T_{i}	出示参考评估值 T_{h}	是否调整
>1	—	否

续表

历史参考评估值 T_i	出示参考评估值 T_h	是否调整
<1	—	是
=1	≥1	否
=1	<1	是

3.2　动物走廊设计指南

3.2.1　术语及定义

动物走廊设计是用于连接鸟类生境斑块，供其扩散交流的线性景观，既包括鸟类聚集地（源）之间的廊道，又包括将聚集地鸟类引入城市中具有鸟类生存条件的城市公园（汇）所需的廊道。

其中，源，为鸟类的聚集地，如鸟类物种多样性丰富度高、种群数量大的繁殖地、越冬地以及关键的迁徙停歇地等。

汇，为鸟类扩散的目标地，指具一定生境质量，但受干扰、隔离等影响导致目前鸟类多样性低的潜在鸟类栖息地，包括城市公园、部分自然保护地等。

脚踏石是源中的鸟向汇扩散的中间区域，具有一定生境适宜性，同时与源和汇有机连接，起到鸟类扩散中驿站的作用。

3.2.2　设计流程

拟建鸟类生态廊道的设计流程参照图 3–1，具体设计内容如下：

1. 基础资料收集整理

（1）鸟类

拟建鸟类生态廊道区域及周边地区的鸟类多样性、珍稀濒危鸟类种类、数量和分布，以及鸟类的保护现状等资料。

（2）植被和植物

拟建鸟类生态廊道区域及周边地区内的植被类型、面积、分布等资料，植被分类单位应当细化到群系。统计植物多样性、珍稀濒危植物种类、数量和分布等资料。

（3）地质地貌

拟建鸟类生态廊道区域及周边地区的地质、地貌、地形等资料。

（4）气候

拟建鸟类生态廊道区域及周边地区的气候，如降雨、温度等资料。

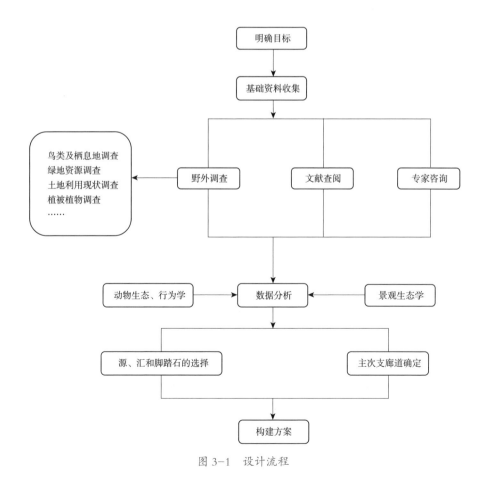

图 3-1　设计流程

（5）水系及水文

拟建鸟类生态廊道区域及周边地区的水系概况，如水体类型、径流量、水灾害等资料。

（6）绿地资源

拟建鸟类生态廊道区域及周边地区的绿地类型、面积、绿地植被，绿地保护地状况，以及绿地开发利用情况等。

（7）自然保护地调查

拟建鸟类生态廊道区域内的自然保护地，如国家公园、自然保护区、自然公园等的分布、面积和保护现状等。

（8）土地利用现状与土地权属

拟建鸟类生态廊道区域内的土地利用现状、土地权属。

（9）历史与文化景观

拟建鸟类生态廊道区域及周边地区的历史与文化景观及其分布资料。

（10）遥感资料

拟建鸟类生态廊道区域及周边地区的卫星图片和航空相片等遥感影像。

2. 本底调查

（1）调查范围

拟建鸟类生态廊道区域及周边地区 2km 范围内的鸟类的重要栖息地，如聚集区、觅食地、越冬地、繁殖地等。

（2）物种多样性调查

采用样线法或样点法对拟建鸟类生态廊道区域及周边地区的鸟类多样性进行调查，典型代表种群现状、珍稀濒危物种的分布情况等。

（3）鸟类活动规律

鸟类在拟建鸟类生态廊道区域及周边地区的不同季节的活动规律，明确其迁徙和迁飞路线以及潜在的可利用路线。

（4）代表性鸟类的选择

根据鸟类的选择综合濒危程度、保护等级、生境代表性、是否重要迁徙物种、是否中国特有、分布范围等 6 项指标，完成代表性鸟类的选择。

（5）栖息地调查

调查拟建鸟类生态廊道区域及周边地区鸟类栖息地质量，以及鸟类对不同类型栖息地利用的时间和季节，制作"鸟类栖息地适宜性分布图"，并在图纸中明确标明鸟类聚集区、觅食地、繁殖地等信息。

鸟类栖息地适宜性分布等级可按照适宜性分成三个等级：1）适宜栖息地：鸟类种类丰富、种群数量较多的栖息地，且鸟类经常利用、长时间停留的栖息地。2）较适宜栖息地：鸟类种类较丰富、鸟类偶尔利用、短暂停留的栖息地。3）不适宜栖息地：不适宜鸟类生存和生活的栖息地。

3. 各要素选择要求

（1）源

满足以下条件：1）珍稀濒危物种鸟类的繁殖地、越冬地或关键性迁徙停歇地。2）鸟类主要的繁殖、越冬地或种群数量特别大的迁徙停歇地。3）物种多样性丰富度高、种群数量大的鸟类栖息地。4）鸟类聚集区。

（2）汇

满足以下条件：1）各类公园或自然保护地。2）珍稀濒危物种鸟类关键性迁徙停歇地。3）面临着严重威胁的鸟类重要繁殖地、越冬地或迁徙重要停歇地。4）某些重要物种迁徙路线上必须增加的栖息地（因原栖息地生态功能较弱、且可能恢复其生态功能的区域）的附近。5）在生物多样性保护、公众教育、科学研究、环境监测等方面具有特殊价值的绿地。6）每一区至少1个城市绿地公园或自然保护地。

（3）脚踏石

满足以下条件：1）有一定的生境适宜性。2）物种较为丰富，但未达到饱和。3）有一定的面积。4）距离源较近，在鸟类扩散能力范围之内，一般在5~10km。5）有较好的生态连通性。

（4）主廊道

1）宽度应大于300m。2）能够自然或通过少量的人工措施后连接两个或两个以上的源。3）优选自然河流、防护林带、绿道等鸟类活动较为频繁的带状或线状绿地区域。4）区域内的生境较为丰富。

（5）次廊道

1）宽度应为80~300m。2）能够自然或通过少量的人工措施后连接源和脚踏石。3）优选自然河流、防护林带、绿道等有鸟类活动的带状或线状绿地区域。4）区域内的生境较为丰富。

（6）支廊道

1）宽度应为20~80m。2）能够自然或通过少量的人工措施后连接脚踏石和汇。3）优选自然河流、防护林带、绿道等有鸟类活动的带状或线状绿地区域。4）区域内的生境较为丰富或经人工措施后，可形成较好生境。

3.2.3 建设流程

1. 各要素建设要求

（1）源

以保护现有栖息环境为主，在有条件地方补充性开展栖息地营造工作，以扩大源面积和（或）提升质量，具体操作按照《城市绿地鸟类栖息地营造及恢复技术规范》DB11/T 1513—2018 相关要求执行。

（2）脚踏石

根据距离最近的源的鸟类组成特点，因地制宜地进行相应鸟类的栖息地营造或改造，同时布设招引鸟类的措施，如人工投喂点、仿生标本等，具体操作按照《城市绿地鸟类栖息地营造及恢复技术规范》DB11/T 1513—2018 相关要求执行。

（3）汇

根据招引目标鸟类的特点，因地制宜地进行目标鸟类的栖息地营造或改造，同时布设鸟类招引的措施，如人工投喂点、仿生标本和声音等，具体操作按照《城市绿地鸟类栖息地营造及恢复技术规范》DB11/T 1513—2018 相关要求执行。

（4）主廊道

根据所连接的两个源的鸟类组成特点，因地制宜地进行相应鸟类的栖息地营造或改造，同时布设招引鸟类的措施，如人工投喂点、仿生标本、饮水点等，具体操作按照《城市绿地鸟类栖息地营造及恢复技术规范》DB11/T 1513—2018 相关要求执行。

（5）次廊道建设

根据所连接的脚踏石的鸟类组成特点，因地制宜地进行相应鸟类的栖息地营造或改造，同时布设招引鸟类的措施，如人工投喂点、仿生标本、饮水点等，具体操作按照《城市绿地鸟类栖息地营造及恢复技术规范》DB11/T 1513—2018 相关要求执行。

（6）支廊道建设

根据所连接的汇的目标鸟类特点，因地制宜地进行相应鸟类的栖息地营造或改造，同时布设招引鸟类的措施，如人工投喂点、仿生标本、饮水点等，具体操作按照《城市绿地鸟类栖息地营造及恢复技术规范》DB11/T 1513—2018 相关要求执行。

2. 鸟类生态廊道建设附属工程建设

（1）科普宣传工程

拟建鸟类生态廊道区域内建立科普宣教系统，形成互动科普宣教体系。其中，包括宣教系统和观鸟区设计。

（2）监测工程

监测不仅可以反映鸟类种群的变化，还可以反映鸟类栖息地恢复和绿地生态系统重建过程中人与自然协调发展的状态，具体操作按照《城市绿地鸟类栖息地营造及恢复技术规范》DB11/T 1513—2018 中第 9 条相关要求执行。

（3）鸟类生态廊道的维护管理

根据拟建鸟类生态廊道特征、自然环境状况和社会经济条件，设计鸟类生态廊道维护方案，如绿地质量提升、河道淤积物的清理、入侵物种的清除等，确保鸟类生态廊道能长期发挥作用。

3.2.4 成果

1. 典型鸟类分布图

针对拟建鸟类生态廊道区域内典型鸟类分布情况，制作"鸟类生态廊道典型鸟类分布图"。

2. 绿地资源现状图

针对拟建鸟类生态廊道区域内的绿地资源现状，制作"鸟类生态廊道绿地资源现状图"。

3. 主要绿地类型保护地现状图

针对拟建鸟类生态廊道区域内的绿地类型自然保护地，制作"鸟类生态廊道绿地类型自然保护地现状图"。

4. 栖息地适宜性评价图

针对拟建鸟类生态廊道区域内鸟类栖息地，按照栖息地适宜性等级评价标准进行分级，准确反映鸟类生态廊道区域内鸟类栖息地分布情况。

5. "源""汇""脚踏石"分布图

针对拟建鸟类生态廊道，按照"源""汇""脚踏石"的分布现状，绘制分布图。

6. 鸟类生态廊道空间布局图

针对拟建鸟类生态廊道，综合"源""汇""脚踏石"的选择，按照三级廊道建设标准，依托重要水系，制作"鸟类生态廊道空间布局图"。

7. 鸟类生态廊道工程布局图

针对拟建鸟类生态廊道工程建设情况，绘制"鸟类生态廊道工程布局图"。

3.2.5 设计成果

应编制详细的《鸟类生态廊道构建报告》。

3.3 城市湿地公园鸟类恢复要引

3.3.1 术语及定义

（1）湿地鸟类：全部或部分依赖湿地环境，或能适应湿地及其周边环境的鸟类。

（2）招引：通过多种方法和措施，将当地已有或曾有分布的野生动物引入目标区域，并在此生存和繁衍，从而提升该区域的物种多样性水平。

（3）重引入：在某物种已绝灭或消失的地区重新建立该物种的野外恢复种群。相关操作需严格执行《IUCN 物种重引入指南》。

（4）栖息地：某种野生动物赖以生存的小环境，由一定地理空间及其中全部生态因子共同构成，包括了动物种群生存所需要的非生物环境和生物环境。

（5）繁殖地：许多动物在繁殖期间，往往在一固定区域生产哺育后代，该区域称为繁殖地。

（6）夜栖地：许多动物为了安全，在夜间往往选择一相对安全固定区域休息睡眠，该区域称为夜栖地。

（7）觅食地：许多动物往往在一相对固定的区域搜索摄取食物，该区域称为觅食地。

（8）栖息地营造：针对某种或某类野生动物生存所需的栖息地的特点，重新设计和改造目标区域的生态环境，以营造出满足该种或该类野生动物需求的栖息地。

（9）本土物种：产地在当地或起源于当地的物种。这类物种在当地经历漫长的演化过程，最能够适应当地的生境条件。

3.3.2　湿地分类

1. 类型
类型为覆盖符合湿地定义的城市内的各类湿地资源，包括：河流湿地、湖泊湿地、沼泽湿地、人工湿地四大类。

2. 尺度
（1）小型湿地：湿地面积 10hm² 以下。

（2）中型湿地：湿地面积 10~50hm² 以下。

（3）大型湿地：湿地面积 50hm² 以上。

注：设计过程中，湿地周边 100m 范围内的环境均应予以考虑。

3.3.3　目标和原则

1. 重点目标
通过湿地鸟类的生态恢复工作，实现湿地鸟类多样性的提升并形成景观效果，打造多样化的栖息环境，切实提升生态系统的服务功能。

2. 主要原则
（1）坚持人与自然和谐共生的价值取向和生态导向。

（2）遵循与野生动物有关的国家法律、法规，符合国家现有的野生动物保护与利用政策。

（3）以本地区动植物为主体，体现当地物种和生态系统特点。

（4）充分考虑鸟类的生态需求和生态功能相结合的原则。

（5）尽可能地发掘并展示湿地特色资源，建立生态文明，实现在保护中开发，开发中保护。

（6）提倡从人工引入为主，发展为以生态招引为主到最后的自然扩散和交流为主。

3.3.4　设计流程（图 3-2）

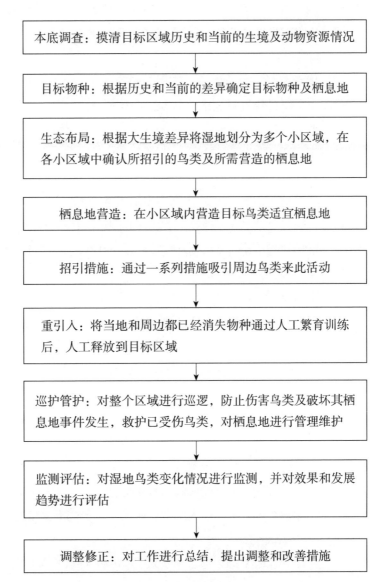

本底调查：摸清目标区域历史和当前的生境及动物资源情况

目标物种：根据历史和当前的差异确定目标物种及栖息地

生态布局：根据大生境差异将湿地划分为多个小区域，在各小区域中确认所招引的鸟类及所需营造的栖息地

栖息地营造：在小区域内营造目标鸟类适宜栖息地

招引措施：通过一系列措施吸引周边鸟类来此活动

重引入：将当地和周边都已经消失物种通过人工繁育训练后，人工释放到目标区域

巡护管护：对整个区域进行巡逻，防止伤害鸟类及破坏其栖息地事件发生，救护已受伤鸟类，对栖息地进行管理维护

监测评估：对湿地鸟类变化情况进行监测，并对效果和发展趋势进行评估

调整修正：对工作进行总结，提出调整和改善措施

图 3-2　设计流程

3.3.5 规划要素与要求

1. 本底调查

（1）物种调查

开展目标区域及周边动物资源调查，调查时间需涵盖动物繁殖季和越冬季；查阅当地动物调查资料；对历史情况和当前情况进行差异分析，确定目标种类。

调查方法主要有样线法、样点法、样方法、直接计数法，具体操作参照《生物多样性观测技术导则 鸟类》HJ 710.4—2014 中第 5.3 条执行。

（2）生境调查

调查要了解当前生境；查阅当地资料了解历史生境；以及目标种类生存需要生境；通过差异分析得出需要恢复的目标生境及要素。

调查方法有 3S 技术、样线法和样方法，具体操作参照《生物多样性观测技术导则 鸟类》HJ 710.4—2014 执行。

2. 目标种类

通过对现有生境和周边鸟类资源调查分析，结合历史资料，确定目标种类，以下 3 类为重点考虑对象：（1）历史上有分布但现已消失的种类；（2）湿地周边有分布但湿地内已消失的种类；（3）湿地栖息地条件好但数量稀少的种类。

3. 生态布局

因地制宜，根据不同水深和植被条件将湿地进行分区。

（1）深水区（水深 >1.0m）宜恢复鸥类。

（2）浅水区（水深 0.3~1.0m）宜恢复雁鸭。

（3）光滩区（水深 0.0~0.3m）宜恢复鹭类和鸻鹬类。

（4）草地区宜恢复鸡形目，也可考虑雁鸭类的夜栖地和繁殖地。

（5）灌草区宜恢复鸦鹃、伯劳和文鸟。

（6）林区宜恢复鸣禽类。

（7）密林区可考虑建成鹭鸟繁殖地。

（8）沙草区可考虑建成鸥类、雁鸭类、鸻鹬类繁殖地。

4. 栖息地营造

根据湿地的生态条件、植被及目标种类特点，在空间上结合植物配置，进行栖息地营造，建立适宜鸟类生存的栖息地，主要包括觅食地、隐蔽地、夜栖地、繁殖地等。

（1）觅食地：陆上，乔木主要考虑花果植物，花果期尽量涵盖四个季节，草本多考虑十字花科植物；水上，多考虑鸟类可食用水生植物，如芡实、茭白、水芹等；水下，在考虑鱼类的情况下，增加底栖动物数量，如螺、蚬。

（2）隐蔽地：在一些开阔地方密植灌草，种类可选蔷薇科和芦苇等；在零星分布的裸地上密植草本植物；营造单个面积不超过 $0.5hm^2$ 的乔灌草密植区，其中，小型湿地不少于 1 个，中型湿地不少于 3 个，大型湿地不少于 5 个。

（3）夜栖地：在视野开阔且接近较高植被区域营造沙地、裸地和低矮灌草区，以便于湿地水鸟利用。宜在大中型湿地中考虑。

（4）繁殖地：营造以针叶树、榕树、竹子等为主的面积不少于 $1hm^2$ 的密林，以形成鹭鸟繁殖地；繁殖期间，保护近水岸的草丛，以便雁鸭类筑巢；在岛屿或河岸处营造面积不少于 $1hm^2$ 的卵石堆和沙地供鸻形目繁殖使用。宜在中型和大型湿地中考虑。

5. 招引措施

（1）食物法：除营造觅食地外，可在与周边环境连接处设置投喂点；在冬季和旱季，要加强食物补充；投喂点位置隐蔽性较好，以避开游人干扰。

（2）声诱法：在隐蔽处设置声诱器，尽量做到不被动物发现，通过模拟播放鸟类声音达到引诱鸟类的效果。

（3）模型法：在视野较好且靠近声诱器或投喂点处，放置目标种类的模型。

（4）巢穴法：悬挂人工巢箱。根据目标种类的体型大小和营巢特点，制作不同类别的人工巢箱。

6. 鸟类重引入

严格遵循 IUCN 物种重引入指南，主要针对历史有但在本地已消失和受严重威胁导致难以自我恢复物种。

7. 监测点

结合本底调查监测点、监测样线及栖息地营造区域，建立固定监测点和监测样线，具体方法参照《高致病性禽流感样品采集、保存及运输技术规范》NY/T 765 的相关要求执行。

3.3.6　配套设施

1. 基础设施

（1）界碑界桩

湿地鸟类恢复区应在人为活动频繁地区以及主要道路相交处、转向点设置界碑界桩，充分发挥指示、警告、宣传的作用。

（2）交通设施

湿地鸟类恢复区应建设路网、码头等必要的交通设施，能够满足区域巡护、防火、监测和日常管理的需要。

（3）监控设施

在鸟类活动频繁区域铺设监控设备，为执法取证提供支持，能较大程度地阻吓捕猎者。

（4）管护用房

为管护人员提供办公场所，用于存放饲料、药品、取样工具、灭火筒和救生衣等。

2. 救护设施

（1）救护管理站（点）

救护管理站（点）的设置应根据恢复区的类型、主要保护对象的分布、保护管理任务、自然地理条件、交通条件、人为活动，特别是居民点的分布状况确定。

（2）巡护执法设备

湿地鸟类恢复区应配备必要的巡护、执法、取证设备，主要包括交通工具、通信工具、执法装备等。

3. 科研监测设施建设

（1）科研中心站（点）

具有一定科学研究与监测基础的湿地鸟类恢复区，可建科研中心站（点）。

（2）鸟类监测站（点）

湿地鸟类恢复区需设置监测站（点），以监测生态系统、鸟类种群资源变化，用于恢复效果的评估和新一轮工作的指引。

（3）疫源疫病监测点

湿地鸟类恢复区需设立疫源疫病监测点，对区域内活动的鸟类进行取样，监测评估禽流感的发生风险。

4. 宣传教育设施建设

（1）宣教场馆

可根据参观人数、宣教需要建立宣教场馆，满足环境教育和生态旅游活动要求。宣教场馆可设置陈列展览室、多媒体放映室、图书资料室等，并配备宣教、通风、除湿、防火防盗等设施设备。

（2）宣传牌

在道路出入口、居民点等人为活动频繁处，根据管理需要，设立宣传牌，宣传相关法律、法规、政策以及注意事项，介绍湿地区域名称、范围、主要保护对象、保护意义、保护要求等内容。

（3）解说与宣教标识系统建设

湿地鸟类恢复区应设立标志、标识、标牌和解说牌等，内容设置合理、图文清晰、科学规范、整洁美观，并与周围景观和环境相协调，所用材料应符合有关环保要求。

第 4 章

应用案例

4.1 广州大学城湾咀头湿地公园

4.1.1 项目概况（图 4-1 和图 4-2）

湾咀头湿地公园坐落于广州市番禺区小围谷岛的西南部，其南、北、西三面被珠江环绕，东面与广东科学中心相邻，占地面积约三百亩。湿地内主要由两个深度不同的人工湖和湖边的泥炭地质的沼泽地组成。两个人工湖呈南北方向分布，故在此分别称为北湖（水面 A）和南湖（水面 B）。两个湖的湖床深度差异较大，北湖的平均水深比南湖大。南北湖各有两个独立的小岛，南湖的两个小岛上的植被均为芦苇丛，而北湖的两个小岛则为榕树岛。

图 4-1　项目位置示意图　　　　图 4-2　湾咀头湿地公园鸟瞰图

项目实施前区域植被种类较少，除了受到薇甘菊的侵害外，该处水域几乎全部被凤眼莲覆盖，难以吸引喜好大面积水域和滩涂生境的野鸭类、鹭类、鸻鹬类来此。2010 年，广州"动物进城"项目启动，湾咀头湿地公园成为动物进城第一个示范点，开展野生动物恢复工作。

4.1.2 设计目标

以广州大学城湾咀头湿地为重点设计区域。根据区域特征，综合考虑该地动物的空间分布、活动规律以及具体生境要求，通过有效的工程措施和调控手段营造适合野生动物生存的环境，增强大学城湿地生境的多样性和适宜性，提高该生境内的生物多样性，为动物（特别是鸟类）的招引及重引入创造条件，以吸引更多不同类型动物来此活动、栖息和繁殖，提高多样性以实现景观效果，提升区域整体生态功能，达到示范效果。

4.1.3　设计策略

1. 区域鸟类组成特点分析

从小围谷周边的调查结果分析来看，当地鸟类组成特点如下：

（1）湿地特征明显，周边水禽及与水域有关的物种较丰富。

（2）周边候鸟种类较为复杂，有涉禽类、游禽类、鸻鹬类、鸥类、隼类等，种类的比例约占50%。以上两大类数量皆少，与生境条件下受人为干扰严重有密切关系。

（3）林鸟占有相当的比例，30%左右；由于水体和对面有果园的原因，林鸟在调查的数量上占有优势。

（4）在番禺区空间上来看，从沿海水域向内陆呈一定的梯度状分布，沿海水域多水禽且以候鸟为主，而在内陆区域多林鸟，以繁殖鸟为主。

（5）周边还缺乏鹭鸟繁殖地，这对鹭鸟的招引有一定的困难；野鸭种类多，但数量少，在湿地内未有明显活动的痕迹，需要采取较大措施进行招引和重引入。

（6）周边浅水区有鸻鹬类鸟类，多为过境鸟或偶尔在此活动。

（7）在湿地芦苇区内还分布有较多中小型鸟类，如褐翅鸦鹃、棕背伯劳和黄腹鹬莺等，这些鸟多以小群或单只活动，在繁殖期多在芦苇或灌草丛中筑巢育雏等，有小水面的芦苇地对该类鸟类有较大的吸引力。

根据我们对大学城湾咀头湿地公园周边环境的调查结果分析，如果生境条件得以改善，那么该区域潜在的可招引鸟类可达80多种，将极大提高该区域的招引和恢复效果。

2. 功能分区

大学城鸟类招引设计应以保护或恢复湿地的生态功能为前提，充分发挥其生态效益，达到恢复湿地生态和生物多样性的作用。根据广州大学城湿地的现有条件以及鸟类对生境的喜好、分布特点等要求，将设计区域划分为鹭鸟繁殖区、滩涂浅水区、秧鸡区、雉鸡区、林鸟区和水禽扩展区共6

个区（图 4-3）。

（1）鹭鸟繁殖区：以区内现有小岛为重点，营造适合作为留鸟的鹭鸟繁殖的栖息地，主要是密林的营造，吸引鹭鸟于 4~8 月间来此繁殖，形成景观效果。

（2）滩涂浅水区：在水面周边营造泥滩地，主要吸引鸻鹬类和野鸭类来此活动。种植红树林，集中移植已有针叶树种，以岛屿为重点，增加鹭类、鸻鹬类的种群数量。

（3）秧鸡区：以芦苇地、隐蔽水塘为重点，主要吸引如黑水鸡、普通秧鸡等水鸡，候鸟和留鸟皆有，其中黑水鸡、骨顶鸡常结群活动。

（4）雉鸡区：外围苗圃林带为主，适当增加一些本土树种以吸引白鹇、环颈雉等鸟类在此活动。

（5）林鸟区：苗圃带为主，提高现有雀形目鸟类的种类和数量。

另外，对该处已有控制水闸进行一定改造，调节进出水量，营造合适的水位。

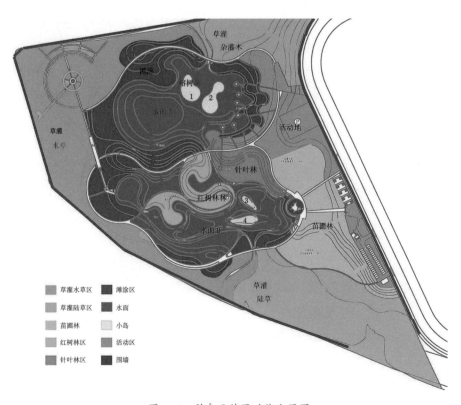

图 4-3　引鸟示范区功能分区图

4.1.4 分区设计细节

特别指出，在我们的设计细节中注意以下几点：（1）虽然各分区中设计了主要招引鸟类对象，但并不排斥对其他鸟类的招引；（2）在各分区也同样强调在完成所需的工程时以改造为主，尽可能不破坏现有生境，以保护现有的鸟类；（3）各分区中所需补种树种均为本地种。

1. 鹭鸟繁殖区（图 4-4）

现状：此区域已形成四个四面环水的独立小岛和针叶林区，通过改造可以形成较好的鹭鸟和其他喜好湿地生境的鸟类栖息和繁殖地。从现有的调查来看，此处有少量鹭鸟分布（白鹭、池鹭等），一些雀形目鸟类如棕背伯劳、褐翅鸦鹃、黄腹鹪莺等也有分布。目前该

图 4-4 鹭鸟繁殖区生境照

处主要问题是凤眼莲和薇甘菊对已有水域和植被的破坏造成对鹭鸟吸引力的降低。

主要目标对象：大白鹭、白鹭、池鹭、夜鹭、栗苇鳽、黄苇鳽等。

设计细节：

（1）在保持岛原有植被现状前提下，补种榕树用以形成密林效果，同时建议夹杂种植当地竹类，吸引鹭鸟在此栖息和繁殖。期间的害虫防治要以生物防治为主，利用鸟类辅以其他措施来控制虫害的暴发。

（2）岛 1~4 处周边适当种植水草，以芦苇或香蒲围绕。水下种植一些挺水植物和浮水植物，稍露出水面。林下种草，方便其他鸟类活动。鸻鹬类笼舍设置在岛 1 处，鹭鸟笼舍宜设置在岛 2 处。岛 3、4 处宜以少量野鸭类、雉鸡类、雀形目等鸟类为主，兼以鹭类在此栖息。

（3）清理凤眼莲，并在周边水域中放养鱼、虾苗或贝壳类，提高水体生物的多样性，在吸引鹭鸟的同时也会吸引其他水鸟前来，如翠鸟等。

（4）针叶林区：将分散的针叶林集中移植在针叶林区，由水面和滩涂和部分道路进行包围，营造出密林效果。

配套设施：

鹭类笼舍设计说明（图 4-5）

1）鹭鸟喜有水环境，水位要有浅、深差异，林下有要草、土和沙，比例约 1：1：1，提供栖息环境。

2）笼舍周边放置投食器，为日后放归准备，即放归后有部分鸟类由于补食要求而能留于附近活动。

3）水深控制在 20~50cm，水为流动水且养有鱼虾。

4）笼舍规模：长：宽：高 =15m×10m×3m，笼舍形状根据实际环境确定，无严格规定。

5）笼舍使用尼龙网搭建，网格：4cm×4cm。

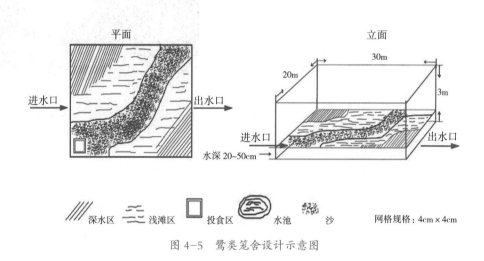

图 4-5　鹭类笼舍设计示意图

2. 滩涂浅水区

现状：此区域包括水面 A（鸻鹬类区）和 B（野鸭区）、水面外围少量泥滩地带以及连接两水面之间的红树林区，该处主要问题是凤眼莲对水域的破坏、部分地段水位较高、泥滩地面积太小以及食物种类较少，所以没能对鸻鹬类和野鸭类造成吸引。由于目前该处条件不是很理想，故在调查时仅发现一些雀形目鸟类活动。

该地块可成为堤外涨潮时鹭鸟和鸻鹬类的集群歇息地。通过改造现有水闸对进水量进行调控，在 A、B 进水口处设置水闸，可对水位进行调控。夏季可将水位稍微调高，冬季将水位适当降低。同时，在水中投放一些鱼、虾苗和普通贝壳类，同时增加外围泥滩面积（图 4-6）。

主要目标对象：环颈鸻、青脚鹬、黑翅长脚鹬、矶鹬、斑嘴鸭、绿头

图 4-6　滩涂浅水区生境图

鸭、赤麻鸭、赤颈鸭、绿翅鸭等。

设计细节：

（1）水面 A（鸻鹬类）：岸边至水中心做成缓坡效果，此处水位应控制在 0.3m 以下，保留水位最深处不动并适当投放鱼虾苗。冬季经常放水，对水位控制在 0.1m 左右，利于滩涂生物和湿地生物的自然发育和演替，对鸻鹬类的吸引具有重要的作用。

（2）水面 B（野鸭类）：种植水草以香蒲为主，辅以芦苇、水葱等。此处应形成大水域面积，且水位控制在 50~100cm 之间，以便野鸭类在此栖息。在冬季，定期进行放塘和蓄水的交替，每隔 10 天放塘一次，每隔 10 天蓄水一次。

（3）水面 A、B 之间最好进行联通，周边种植芦苇、香蒲或水葱。水下种植一些挺水植物和浮水植物，稍露出水面，形成由芦苇向挺水植物过渡效果。

（4）在岸边适当种植一些豆科植物，为野鸭在此越冬创造一定的条件。也可适当考虑定点投放一些玉米、大豆等食物，以吸引野鸭类长期在此活动。

（5）冬天对沟渠的水位也适当控制在 1m 以下，两岸种植一些芦苇和水葱植物，提供一定的隐蔽性栖息生境。

（6）滩涂地带：即浅水区。此处保持终年常湿，改造为缓坡，形成凹凸不平的效果，水位控制在 20cm 以下，以方便一些小型鸻鹬类在此活动。

（7）红树林区以种植秋茄、海棠为主，密度控制在 1m×1m。

（8）该地块需经常性补充鱼虾蟹苗和贝类，特别是在沙质沼泽和沙质滩涂上多补充蟹、贝类和沙虫，以提高招引效果。

配套设施：

（1）鸻鹬类笼舍设计说明（图4-7）

1）涉禽喜有水环境，水位要以浅水为主，地下有多沙，提供栖息地。

2）在靠门位置放置投食点，为日后放归准备，即放归后有部分鸟类由于补食要求而能留于附近活动。

3）水深控制在20~50cm，水为流动水且养有鱼虾。

4）笼舍规模：长∶宽∶高=30m×20m×3m。

5）用尼龙网，网格∶4cm×4cm。

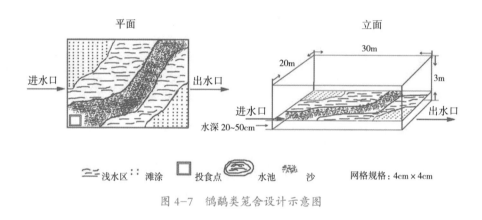

图4-7 鸻鹬类笼舍设计示意图

（2）野鸭类笼舍设计说明（图4-8）

1）游禽多喜有水环境且有一定的水草，地下有要草、土和沙，提供栖息地。

2）在靠门位置放置投食点，为日后放归准备，即放归后有部分鸟类由于补食要求而能留于附近活动。

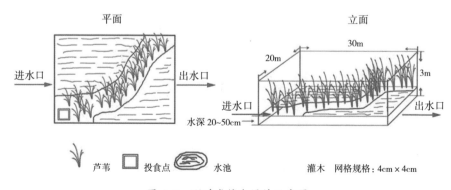

图4-8 野鸭类笼舍设计示意图

3）水深控制在 20~50cm，水为流动水且养有鱼虾。

4）笼舍规模：长：宽：高 = 30m×20m×3m。

5）用尼龙网，网格：4cm×4cm。

3. 秧鸡区（图 4-9）

现状：此区域位于项目点西面的草–灌／水草区，该区以小面积水塘和水草地为主。其中，水塘水面从 0.5 到 1m 不等，两边多有水草或芦苇。建议多补种水葱、香蒲等植物，形成茂密植被以易于秧鸡类的隐蔽。黑水鸡、普通秧鸡在此地应该能较好生长，可通过放生和异地救护等方式引入。

图 4-9　秧鸡区生境图

主要目标对象：黑水鸡、普通秧鸡、骨顶鸡、白胸苦恶鸟等。

设计细节：

（1）保持现状为主。对较差环境进行简单清理。

（2）补种水葱、芦苇和水草，形成茂密效果，水边水位要浅，尽量避免出现垂直式的地形。

（3）对沟渠中水质差的位置进行一定的清理，减少出现电鱼等高强度人员活动。

（4）在沟渠的一边角位营造一点小型浅水滩或滩涂，为秧鸡的活动提供较好环境。

（5）浅水滩里最好补放一些鱼虾苗。

配套设施：

1）秧鸡喜有水、草和浅滩环境，浅滩和水草要相配合以提供栖息地（图 4-10）。

2）在靠门位置放置投食点，为日后放归准备，即放归后有部分鸟类由于补食要求而能留于附近活动。

3）水深控制在 20~50cm，水为流动水且投放有鱼虾。

4）笼舍规模：长：宽：高 =30m×20m×3m。

5）用尼龙网，网格：4cm×4cm。

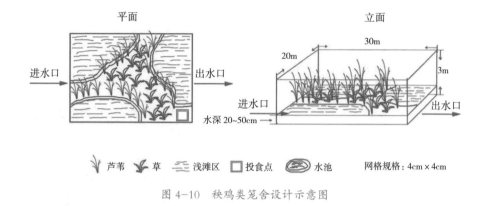

平面　　　　　　　　　　　　立面

进水口　　　出水口

30m

20m

3m

进水口

水深 20~50cm　　　　　　出水口

◊ 芦苇　　↓ 草　　〰 浅滩区　　□ 投食点　　◎ 水池　　网格规格：4cm×4cm

图 4-10　秧鸡类笼舍设计示意图

4. 雉鸡区

现状：位于项目点北面的草 – 灌 / 杂 – 灌木区和南面的草 – 灌 / 陆草区，植被以竹林、乔木和杂灌林为主。

主要目标对象：竹鸡、环颈雉等。

设计细节（图 4-11）：

（1）雉鸡类食性杂，常在杂草丛中觅食细嫩植物、草籽、昆虫和软体动物等。适当补种当地常绿树和低矮灌丛等，形成密林与隐蔽效果，为雉鸡类创造良好的栖息环境。

（2）根据不同的种类分开放养。在建造笼舍和舍外网罩地时要注意防止雉鸡逃跑。放养笼中地面避免水泥地，以泥地最好。雉鸡类喜在高处栖息，建议在该区域种植一些小型灌木供其栖息所需。

（3）雄性雉鸡类有相互打斗的习性，故在放养时应考虑以一组为单位[1 雄 +（3~4）雌]，以免造成雉鸡类伤亡。

（4）前期投食可以以鸡用饲料为主，定时投放饲料。等其适应环境能自行觅食后慢慢减少饲料的投放。

（5）投入笼舍前应做好疾病防疫、疫苗接种工作，并定期对其生活环境进行消毒，及时避免疾病的传播。

（6）雉鸡类容易遭到野猫、老鼠和蛇等野生动物的侵

图 4-11　雉鸡区生境图

害和捕食，故应及时做好填塞蛇洞、灭鼠等工作。

配套设施：

雉鸡类笼舍设计说明（图 4-12）

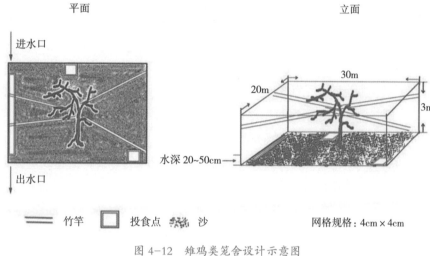

图 4-12　雉鸡类笼舍设计示意图

1）雉鸡喜杂灌丛环境，杂草和灌丛应相互配合以提供栖息地（图 4-12）。

2）在靠门位置放置投食点，为日后放归准备，即放归后有部分鸟类由于补食要求而能留于附近活动。

3）雉鸡有沙浴的习性。为此应在林下设置 1m^2 左右沙地供雉鸡沙浴。沙要求细、干燥、清洁。如条件允许，应及时更换新沙。

4）笼舍规模：长：宽：高 =30m × 20m × 3m。

5）用尼龙网，网格：4cm × 4cm。

5. 林鸟区（图 4-13）

现状：此地块包括项目点整个绿地、堤边以及道路区域。目前该区域以人工植被为主，果树类树种较少，生境较为单一，大部分植被遭到了薇甘菊

图 4-13　林鸟区生境图

的破坏，而环水道路两侧基本未有种林道树，难以满足大部分雀形目鸟类对环境的要求，没有形成对鸟类的招引效果。

主要目标对象：斑鸠、鹎类、杜鹃、绣眼、鸦鹃、鹀类、柳莺、鹨类等。

设计细节：

（1）对植被进行适当改造，清理覆盖水面的凤眼莲，水面为林鸟提供一个较好的辅助性饮水环境。

（2）沿环水道路和河堤边种植果树，树种以桔、梅、李、桂、荔枝等为主，其密度应达到（8~12）棵/ha，覆盖四季，相当于（2~3）/季/ha。

（3）区内四周营造杂草和灌木地带，以保证在冬季为鹀类鸟类提供必要的种子食物和必要的藏身地。

（4）在此地块减少人类活动。期间的害虫防治要以生物防治为主，利用鸟类辅以其他措施来控制虫害的暴发。

（5）在道路两侧种植林道树，以榕树为主，间距为6~10m，每隔30~40m种植1~2株果树。

（6）在条件的情况下，采取分批分块的方式，对林分进行改造，引入一些易招虫、蜜源性的当地树种。

（7）将其他位置的阔叶数集中移植到此位置，形成较为茂密的林子。

配套设施：

林鸟类笼舍设计说明（图4-14）

1）林鸟喜有树环境，笼舍中要有树，最好笼舍围绕着一棵树来放置，

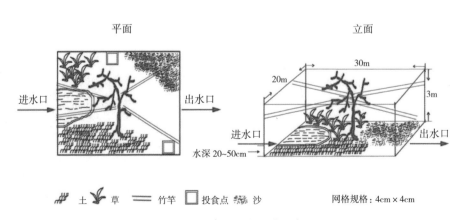

图 4-14 林鸟类笼舍设计示意图

地下有要草、土和沙，提供栖息地。

2）在靠门位置放置投食点，为日后放归准备，即放归后有部分鸟类由于补食要求而能留于附近活动。

3）池为林鸟的饮水处，水深控制在 20~50cm，水为流动水。

4）笼舍规模：长：宽：高 =30m×20m×3m。

5）用尼龙网，网格：4cm×4cm。

4.1.5　恢复效果（图 4-15 和图 4-16）

大学城湾咀头湿地公园通过清理水葫芦等浮水植物使得水域面积得以扩大，有利于吸引游禽；构建水闸控制水位，既能引入珠江的鱼、虾、蟹等食物，也能够满足珠江高潮位时，公园水位适合水鸟觅食；引入水牛控制水草的生长，使滩涂面积得以保存、扩大，进而吸引大量水鸟觅食、栖息，主要种类为野鸭、鹭鸟和鸻鹬类。大学城示范点营造多样化生境，较大程度上提升了生物多样性。

通过对小岛和其周边环境的植被改造，建立鹭鸟繁殖地，鹭鸟已成为大学城示范点里最容易观察到的物种。苍鹭、白鹭和夜鹭长期逗留，数量较为稳定。堤外（珠江两岸）已成为鹭鸟的扩散地，退潮时，鹭鸟从示范点飞到珠江沿岸滩涂处觅食。每年鹭鸟在此繁殖的数量超过 300 对。

到 10 月底候鸟迁飞的季节，大量的过境鹭鸟在此停歇，数量多达 3000 只。通过环境改造已将该地域变为一些冬候鸟的越冬地和过境鸟类的食物补充地，每年吸引鸻鹬类鸟类超过 200 只，种类超过 6 种；浅滩上可见野

图 4-15　鹭鸟群在湿地停息　　　　图 4-16　在水面上活动的野鸭

鸭，如绿头鸭、斑嘴鸭自由自在地游水、嬉戏、觅食，部分个体扩散到小洲村附近和科学中心的水域中，黑水鸡和小䴙䴘也在此繁殖。

集中种植的密林区为林鸟提供了适宜生境，椋鸟、鹪莺、鹎类等在公园经常可见。雉鸡、褐翅鸦鹃等非雀形目的鸟类种类和数量也呈增长趋势。园区内鸟类种类由原来不足 20 种增加到 68 种，每年在此栖息和活动的鸟类数量达到 5000 只。

4.2 广州白云山

4.2.1 项目地概况

白云山位于广州市北部，地理位置为东经 113° 17′，北纬 23° 11′。白云山地形略呈斜长方形，呈东北西南走向，南北长约 7 公里，东西宽约 4 公里，全境面积约为 28 平方公里，由海拔 382m 的主峰摩星岭以及海拔 250m 以上的龙虎岗、白云顶、牛牯岭、五雷岭、将军岭、牛归栏等山峰组成。

区内原生植被为南亚热带季风常绿阔叶林。经人类干扰（林分改造等），现存植被主要为人工林和天然次生植被混合林，主要包括天然次生阔叶林、部分马尾松林和针阔混交林，绿化覆盖率已达 95% 以上。区内植被景观类型包括常绿针叶林、常绿针阔叶混交林、常绿阔叶林、疏林草地和果园 5 种共 29 个基本斑块。

白云山位于九连山脉最南末端，是广州城区面积最大、植被保护最好的一片山体，也是受人类活动影响最大的城市公园之一。受九连山脉影响，白云山历史上的动物组成非常丰富，曾经是金钱豹、豺、狐、水鹿出没地，但现在以上物种皆已消失。综合 2000 年以来展开过的相关调查来看，白云山仍保留有一定数量的野生动物，多样性水平仍是广州城区最高，是广州城区难得的动物多样性中心和避难地。自 20 世纪 90 年代以来，广州市加大了对白云山保护力度，开展了植被改造工程和保护工程等，近年来野生动物在呈现出一定的恢复趋势，赤麂在白云山的出现正说明这一点。

4.2.2　设计目标

　　白云山是广州市野生动物的多样性中心和避难所，因此，白云山将会成为城市绿地中动物恢复的物种来源地，即种源库的作用。为此，白云山的动物恢复是消失物种的重引入、救护物种的放生和濒危物种的复壮等的实践和示范，从而提升其种源库的作用和地位（图 4-17）。

　　（1）白云山整体环境分析以及招引物种的确定：主要根据项目区现场调查情况，结合白云山总体规划要求，提出招引的具体目标。

　　（2）结合白云山项目的实际生境情况对招引物种按类群及其生境需求，构建多样的栖息环境，为招引物种和现有物种创造自然的栖息地。

　　（3）增加水生和陆生栖息环境，种植多样的乡土湿地植物和必要的树种，营造特色植物群落。

　　（4）根据不同目标物种的生境需求及景观要求开展生态分区设计，为目标物种建立关键生境。

　　（5）在不同分区内针对具体目标物种提出设计要求、生境指标以及实现方案和步骤。

　　（6）吸引相关配套措施以及分析设计所存在的风险和保障措施等。

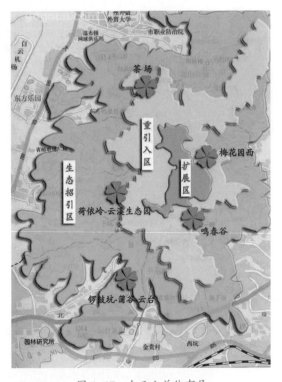

图 4-17　白云山总体布局

4.2.3 设计策略

1. 动物组成特点

综合现有的资料来看，白云山动物组成具以下特点：

（1）在脊椎动物的各纲中，鸟类仍保存有较高的多样性水平，物种数量可达 100 种以上，但兽类、两栖类受人为影响明显最大，物种消失明显，资源消失达 70% 以上，现在连野猪都鲜见。

（2）森林特征明显，拥有许多山地森林分布的物种，如鸟类中的啄木鸟、杜鹃，兽类的鼬科动物等在此有一定的分布。

（3）林鸟组成较为复杂，有啄木鸟、杜鹃、鸦类、鹛类、鹟类等，但水禽组成简单，以鹭类为主且数量少。

（4）在空间上看，动物多分布于海拔相对较低位置，主要在 100~250m 之间，这与人类影响、水源分布有一定的关系。

（5）相对于九连山脉的动物而言，白云山消失物种较多，历史上常见的物种在本区域内已消失，如水鹿、赤腹松鼠、棕鼯鼠、白鹇、白眉山鹧鸪等。

（6）由于植被正处于恢复期，向着多样化方向发展，受此影响，某些野生动物呈现恢复趋势，其中食虫和食果类动物表现最为明显，但是整个山体的野生动物远未达到饱和，因此动物恢复潜力巨大。

2. 分区布局

结合白云山地形图、植被分布情况、地形矢量数据和野外实地调研相结合，充分考虑招引物种种群需求的适宜栖息地的生境质量，以及现有环境的生态利用价值和生境功能，将项目区划分为白云山主体和麓湖景区两大部分，其中，白云山主体分为生态招引区、重引入区和扩展区（表 4-1）。

白云山风景区布局及生境分类　　　　　　　　　　　　　　　　　　　　　　　　　表 4-1

	海拔	地点	生境分类	恢复目标	生态功能
白云山主体	150m 以下	白云山周边	生态招引区	两栖类 爬行类 中型兽类	增加生境多样性 提高物种数量 动物招引地
	150~250m	鸣春谷 梅花园西 荷依岭 – 云溪生态园 茶场 锣鼓坑、云台、蒲谷	重引入区	湿地鸟类 林鸟类 中小型兽类	消失动物引入地 救护个体放生点 生境改良地

续表

	海拔	地点	生境分类	恢复目标	生态功能
白云山主体	250m 以上	游览道内范围	扩展区	林 鸟	动物扩散区
麓湖景区		麓湖公园	湿地公园	小型兽类 湿地鸟类 林 鸟 松 鼠 两栖类	湿地动物恢复示范地

4.2.4 设计细节

生境多样性影响生物多样性，多样的生境为野生动物提供了必要的生存条件，在野生动物招引过程中应注重"关键生境"的营造，方便为不同种类的野生动物提供繁殖、繁育、越冬等过程所需的必要条件。

1. 生态招引区

现状：白云山外缘区域以及金钟水库和上、下坑水库，该处植被主要为常绿阔叶林和常绿针阔混交林。该范围内约有 30~40 种雀形目鸟类，主要以鹎类、莺类居多，有部分是候鸟（如鸫类），偶见赤麂、鼬獾活动。主要问题是周边干扰较多，林下缺少灌草丛生境，且缺少一些能提供食物源的蜜源性植物。

目标物种：

鸟类：山斑鸠、环颈雉、灰胸竹鸡、红耳鹎、白喉红臀鹎、大杜鹃、中杜鹃、褐翅鸦鹃等；兽类：赤麂、华南兔、猪獾、狗獾、黄鼬等；两栖类：泽蛙、沼水蛙、斑腿树蛙等；爬行类：以蜥蜴类为主。

操作要点：

（1）通过播种、扦插、移植等方式在关键位置种植蜜源性乔木及灌木丛，主要为食果动物提供食物来源。

（2）引入草本植物，吸引草食昆虫，为食虫动物提供食物来源。

（3）设置水坑、沙浴场等，为各种动物提供必要活动场所。

2. 重引入区

现状：此区域计划分为两期实施，一期包括鸣春谷（滴水岩）和梅花园西面；二期包括上下坑东面以及茶场范围。现有植被以常绿针阔混交林为主，间杂稀树草地。鸟类多以雀形目为主。

消失野生动物的重引入、前期圈养、野放等相关工作将在此区域内进行。此区域同样可考虑作为今后执法没收本土野生动物的野放点。

首期恢复地点为鸣春谷。

目标物种：

一期
- 鸣春谷：松鼠类、环颈雉、白鹇、山椒鸟、鹦鹉等
- 梅花园西面：鬣羚、大灵猫、斑林狸、白鹇、鹦鹉等

二期
- 荷依岭 – 云溪生态园：鬣羚、白鹇、灰胸竹鸡、棕鼯鼠、野鸭类等
- 锣鼓坑、云台、蒲谷：松鼠类、两栖爬行类、湿地鸟类等
- 茶场：松鼠类、环颈雉、林鸟类、豹猫等

操作要点：

（1）因缺少壳斗科植物而降低了对松鼠类的吸引，加种本地壳斗科植物，为松鼠提供多样的食物来源。

（2）湿地区建设生态岸丘，利用水库周边现有泥滩地（人为干扰较小）营造湿地鸟类的觅食活动地；泥滩地周边水位最大水深应不超过 0.5m。

（3）大水域岸边分段栽种芦苇、香蒲、菰等本地湿地植物，为鸟类提供隐蔽生境，此区域在自然恢复后有可能成为湿地鸟类理想的栖息场所。

（4）部分地段缺少林下植被，加种本地小型灌木和草本植物，为小型兽类提供觅食地和隐蔽场所。

（5）林间部分地段放置盐堆和设置沙坑，方便兽类舔食与进行沙浴。

（6）林间水源较少，建议开辟多个不规则小水坑，为野生动物提供水源。

动物笼舍工程：

（1）松鼠类（图 4-18）

分布广，食性杂，在混交林、针叶林、灌丛、林缘营树栖生活，有较强的适应能力。赤腹松鼠倾向于选择植被覆盖率高、植物种类丰富度高、有水源的环境栖息。隐纹花松鼠多为地栖，林缘或灌丛中都有发现，筑巢于树洞中和树杈缝隙中，或在树根下做窝，偶尔也利用旧鸟巢。

松鼠笼舍设计及注意事项

1）笼舍外部用尼龙网，长 × 宽 × 高 =6m×3m×5m。

2）松鼠巢窝采用伪装过的人造树洞或木箱，长 × 宽 × 高 = 25cm×20cm×20cm，巢窝外部应有开口。

3）笼舍最好围绕高大树木建造，笼舍内还可放置一些多树杈的枯木供松鼠日常攀爬使用，地面放置枯叶、枯枝、细枝等供其垫窝时利用。

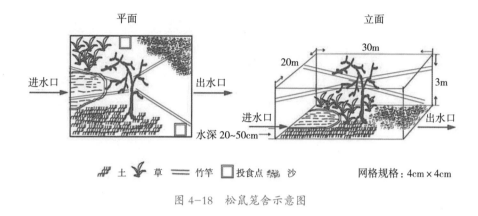

图 4-18　松鼠笼舍示意图

4）笼舍内准备水源。

5）适应期内投喂瓜子、花生等坚果，也可投喂胡萝卜、空心菜、各类新鲜果蔬。

6）在食物较为缺乏的春（3~4月）、冬两季适当投放食物，避免松鼠因食物缺乏而剥食树皮。

7）笼养时雌雄比例以 3∶1 或 4∶1 为宜，并将雄性松鼠分开搁置，避免引起争斗。

（2）涉禽 / 游禽 / 陆禽（图 4-19 和图 4-20）

鹭鸟与水鸡属涉禽类，适应在沼泽和水边生活。细长的腿适于涉水行走，不适合游泳。从水底、污泥或地面获得食物。鹭鸟白天在觅食地和夜栖地间来回活动，范围半径多在 3~5km 内。

野鸭类体圆，头大，善游泳，栖于芦苇丛生的湖泊、河湾和沼泽地区，以水生动、植物为食。

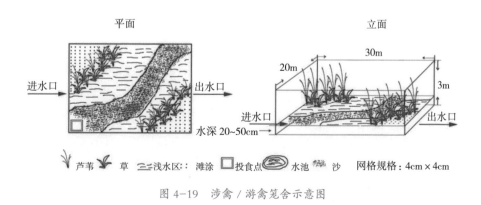

图 4-19　涉禽 / 游禽笼舍示意图

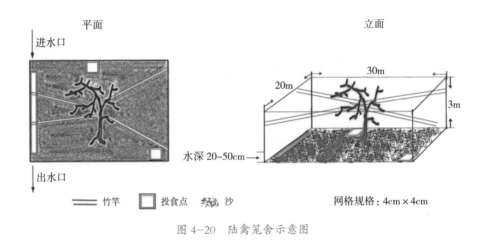

图 4-20　陆禽笼舍示意图

　　雉鸡为地栖鸟，食性杂，喜杂灌草丛环境，在野生条件下会随季节的变化进行小范围的垂直迁移，夜间在杂灌丛中较矮的树枝上栖息。

　　3. 扩展区

　　现状：景区游览道路环绕内部范围，包括摩星岭、山庄旅社以及碑林等处。该处植被类型较多，主要以常绿阔叶林为主，木本植物和草本植物较多。此区域将作为生态重建区与重点恢复区内野生动物的扩散点。

　　本区域人流量较大，因此不建议在此区域内设置动物招引点，但可在林中设置一些食物点，吸引动物前来觅食，逐渐适应人为干扰较大的环境。

　　目标物种：包括生态招引区和重引入区的所有物种。

　　生境强化工程：

　　除在个别林下位置加种一些本地草本植物外，暂时不需进行其他改造。

　　4. 麓湖公园

　　现状：麓湖公园水域范围。水域面积较大，目前缺少雁鸭类和鸊鷉类的关键生境，因此难以见到此类湿地鸟类活动。

　　目标物种：鹭鸟：白鹭、大白鹭、夜鹭、池鹭等；雁鸭类：斑嘴鸭、琵嘴鸭、绿头鸭、白眉鸭、绿翅鸭等；秧鸡类：黑水鸡、白胸苦恶鸟等；雉鸡类：白鹇、环颈雉、灰胸竹鸡等。

　　设计细节：

　　根据项目点的实际环境条件以及动物对生境的喜好、分布特点等要求，将项目点划分为水鸟繁殖区、鹭岛、水鸟活动区共 3 个区。

　　（1）将靠近麓湖碑处或麓景路东侧的岸边改造为向水面延伸的浅滩，

为湿地鸟类提供活动觅食地。

（2）湖中小岛改造为鹭岛，通过环岛建造浮排，使芦苇、香蒲、水葱等本地湿地植物能形成群落，提供隐蔽的栖息环境。

（3）营造结构性生境。包括在岸边位置放置石堆、倒木等为两栖爬行动物提供躲避环境；沿水边种植芦苇、水葱、香蒲等植物形成绿篱，降低周边人为活动的干扰强度。

（4）水面建造 2~3 个小型浮岛，增加鸟类可利用的生境范围。也可利用原木床、树枝捆等既能部分沉水又能固定的材料，提供多样化的栖息场所（图 4-21）。

（5）水岸周边种植绿篱形成遮蔽和缓冲效果，避免因为人类活动而造成对湿地鸟类的惊扰。

5. 雕塑公园

现状：整个雕塑公园范围。区域内山体连绵，地形起伏较大，但部分区域植被保存较好，鸟类主要以雀形目鸟类为主。公园中有利用原有洼地地形建造的人工湖——云液湖，但较少有鸟类前来利用。

目标物种：云液湖：招引黑水鸡、白胸苦恶鸟等；古城辉煌：赤腹松鼠、隐纹花松鼠、山椒鸟、环颈雉等；纵览亭周边：白鹇、灰胸竹鸡、赤腹松鼠、隐纹花松鼠等。

图 4-21　制作的人工浮岛

设计细节：

利用云液湖和公园南部的林区建立动物招引点：

（1）沿湖岸种植挺水、浮水或沉水植物，如芦苇、菰、睡莲、槐叶萍等，提供隐蔽的栖息环境。

（2）古城辉煌和纵览亭暂时不需进行其他改造，直接引入所需物种。

（3）动物引入方法同 4.2.4。

4.2.5　恢复效果

赤腹松鼠和隐纹花松鼠野放于鸣春谷附近，较为适应白云山的森林环境，现已扩散活动至周边，在最高峰摩星岭也有发现，并在本地有繁殖现象（图 4-22）。

斑林狸、赤麂、刺猬、大灵猫、野猪、竹鼠等兽类野放于白云山区域，部分个体已适应白云山环境，通过红外相机监测，多次拍摄到赤麂和野猪等踪迹（图 4-23 和图 4-24）。

图 4-22　在白云山活动的赤腹松鼠　　　图 4-23　红外相机拍到的赤麂

白鹇、灰胸竹鸡和环颈雉在白云山区域分散扩散，部分个体被食物吸引，隐蔽活动于鸣春谷周边。斑鸠在白云山区域数量大量增加，在各登山路径和山坳皆可见到其个体。林鸟整体数量和密度在增加（图 4-25）。

麓湖示范点整体环境得到改善，雁鸭类在麓湖天鹅湾内生存状况良好，活动范围已扩大到全湖区域，常见在空中飞翔；且有繁殖行为，已繁殖超过百只的后代；同时，该区域已吸引了游人拍照和喂食，形成人鸟互动效

图 4-24 野猪

图 4-25 白鹇

果。麓湖湖心岛的夜鹭由原来 40 多只增加到现在的 200 多只，且有白鹭和池鹭在此栖息，早晨和黄昏经常见到鹭鸟群飞的景观，候鸟迁徙季节，有白鹭在此短暂停歇；浮岛现在已成为野鸭和鹭鸟栖息场所，且野鸭在此有繁殖现象。

4.3　江门新会小鸟天堂国家湿地公园

4.3.1　区域背景

珠三角地区存在着重要的候鸟迁徙路线（图 4-26），由东南至西南跨越整个珠三角地区。但珠三角地区城市化率较高，高密度城市群地区对候鸟的迁徙造成了巨大阻碍，因此，结合候鸟迁徙路径预留生态廊道，设置候鸟停留休息点与食物补给点对于保护候鸟资源、维护地区生态格局安全具有重要作用。该区域中有不少湿地处于感潮度高且咸淡水交接地带，动植物种类繁多，是水鸟的重要食物来源地。因此，为维护地区生态安全格局，保护鸟类多样性，政府决策层面正逐步构建湿地的保护网络，湿地公园的建设将以结合大湾区水鸟迁徙廊道、生物生态廊道营造为主要方向。

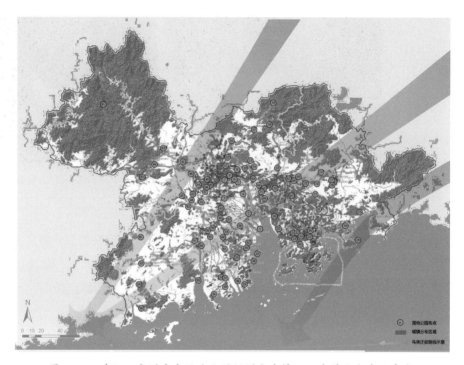

图 4-26　珠江三角洲城市湿地公园规划分布情况、城镇化分布及鸟类
迁徙路线叠加分析图

4.3.2　项目概况

　　小鸟天堂湿地公园位于江门新会区会城大道中,毗邻天马河,与最近的滨海湿地银湖湾湿地公园相距 30km,在珠三角主要河道西江、潭江的 10km 范围内,属于同心圆模式的 10~30km 圈层,是候鸟迁徙路径上的重要停留节点(图 4-27)。

　　"小鸟天堂"原指一棵位于新会城区以南天马村河中、栖息着各种野生候鸟的独榕树。榕岛占地达 1.2 公顷,鹭鸟每天晨出暮归,自然与人和谐共存。文学家巴金先生曾经与友人乘船游览鸟岛,有感而发,写下著名文章《鸟的天堂》。此后,这棵榕树便有了一个为大家所熟悉的名字"小鸟天堂"。小鸟天堂是以水鸟栖息闻名的珠江三角洲湿地公园,具有典型的河口湿地特征,由河流湿地和人工湿地组成。原生境包括河流、农田、开放水面、浅滩、竹林、岛屿等。

　　小鸟天堂园区的保护规划自 2002 年始,此后经历三次深化。本案例的

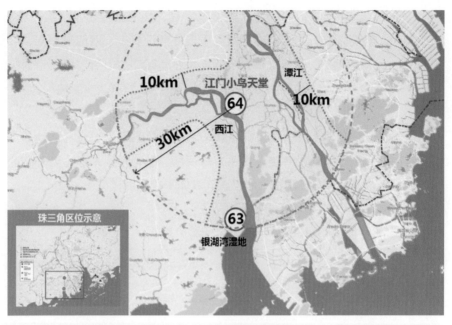

图 4-27　小鸟天堂区位示意图

分析基于 2013 年第三次小鸟天堂园区的深化设计展开，设计初衷旨在打造集生态、旅游为一体、以保护鸟类生态环境为主题的湿地公园。

4.3.3　场地分析

小鸟天堂湿地公园占地面积约 80 余万平方米，南面为银湖大道，北面可遥望圭峰山风景旅游区，西邻天马村，东面有著名的梁启超故居和熊子塔（图 4-28），具有良好的自然、人文景观资源。

图 4-28　项目区位图

目前基地内绿化植被情况良好，场地地形基本平坦；公园分区明确，流线清晰；主要水流区域水质良好且设有东、西两道水闸，以保持公园内水位稳定；小鸟天堂大榕树长势蓬勃旺盛。但当前园区也面临着由于人类活动而产生的干扰，对当地鸟类的栖息、繁育造成影响。

（1）内部人类活动

内部人类活动主要是观鸟活动产生的噪音，观鸟活动的主要有两种方式，分别是观鸟楼观鸟及游船观鸟。噪音干扰来源主要是游船、游人的噪音以及观鸟楼购物区叫卖声，具体干扰强度详见表 4-2。

小鸟天堂内部人类活动干扰强度（2015—2016 年数据）   表 4-2

类型	活动	干扰项	干扰强度
交通类	步行	噪音：20~65 分贝	弱 – 中
	游船	噪音：电动船 54~75 分贝（调研数值）	中
		惊飞距离 5~10m	
探索体验类	展览	噪音：20~65 分贝	弱
	观鸟楼观鸟	—	弱
综合休闲类	购物	噪音：70~80 分贝	极强
	野餐	噪音：20~65 分贝	弱
管理维护类	清洁	噪音：40~60 分贝	弱
其他	违规捕鱼	无调研数据	极强

（2）外部人类活动

小鸟天堂湿地公园的外部干扰主要来自西面的天马村，当前村民自建房屋紧贴用地边界，建设密度增长迅猛，部分村建用房距离小鸟天堂榕树岛已不足 50m，因人为活动产生的声光热干扰严重威胁着小鸟天堂湿地区域未来的生态环境和鸟类栖息活动。

对天马村声环境进行调查，将当前居民产生噪音的活动类型分为四类：分别为交通类、综合休闲类、商业娱乐类、人工建设类，根据声音分贝划分其干扰强度（表 4-3）。其中 2 类声环境功能区社会生活噪声排放源边界噪音排放限值应为昼间 55 分贝，夜间 45 分贝；4a 声环境功能区噪音排放限值应为昼间 70 分贝，夜间 55 分贝。经调研比对，当前存在的噪音大部分都不满足该要求。

小鸟天堂外围人类活动干扰强度 表 4-3

类型	活动	干扰项	所属范围	干扰强度
交通类	步行	噪音：20~65 分贝	2 类声环境 +4a 声环境	弱 – 中
	摩托车	噪音：最大为 88.4 分贝（鸣笛）	4a 声环境	强
	电动车	噪音：54.7 分贝	2 类声环境 +4a 声环境	中
	小型货车	噪音：78.8 分贝	4a 声环境	强
综合休闲类	下棋、放音乐、儿童嬉戏、打麻将等	噪音：55~56 分贝	2 类声环境	中
	舞狮打鼓、放鞭炮民俗	噪音：90 分贝以上	2 类声环境 +4a 声环境	极强
商业娱乐类	汽车维修	噪音：60 分贝以上	4a 声环境	极强
	沿岸餐饮	噪音：40~60 分贝气味以及排放污水	4a 声环境	强
其他	装修施工	噪音：70~80 分贝	2 类声环境	极强

4.3.4　面临的问题及挑战

小鸟天堂位于珠三角候鸟迁徙路径上，通过对场地及周边环境分析，显示基地内部生态环境良好，适于鸟类栖息生活，但场地周边内部、外部存在的人为干扰、人工建筑的发展蔓延对原本生态环境的破坏和威胁也不容小觑，加之公园管理单位对该项目"游护合一"的设计要求，也对项目设计提出了新挑战。小鸟天堂湿地公园景区生境营造的关键和要求是什么？设计中如何利用环境条件，尽量减少对原有场地的干扰？如何平衡水鸟栖息地保护与游客参观游赏的关系？围绕这三个问题，设计团队提出了一系列基于自然的解决方案，致力于解决当前场地存在的问题，营造人与自然和谐共生的良好环境。

4.3.5 设计目标

将"小鸟天堂"湿地公园定位为"以鸟类观赏为主题的湿地公园"，根据区域特征及公园城市特征，秉承"生态筑基，绿色发展"发展理念，坚持鸟类多样性保护、人与自然和谐共生的设计理念，以鸟类多样性的恢复和保护为核心，通过筛选目标物种、分区规划、生境设计及优化，结合先进的绿色建筑技术、水系统设计技术，构建适宜鸟类生活、繁殖的生境；对场地分区设计，明确保护区和旅游休闲区，将游赏活动和保护措施有力结合，实现人与自然的普惠公平。

4.3.6 设计策略

1. 基于焦点物种理论的生境设计及优化
（1）目标物种确定

小鸟天堂的鸟类优势种共 18 种，以鹭鸟居多，主要包括池鹭、夜鹭、白鹭。其他优势种水鸟种群包括鸻鹬类、白胸苦恶鸟、赤颈鸭、琵嘴鸭、小鸊鷉、普通翠鸟等。按居留型，留鸟占 51.04%，多候鸟 40.63%。小白鹭与赤颈鸭都是小鸟天堂资源较多的水鸟物种。以小白鹭为焦点物种，可针对性地保护小鸟天堂的"名片"鹭鸟。以赤颈鸭为目标物种，可保护较常见的鸭类、小鸊鷉等游禽，同时也可作为较警惕物种用以限定人类干扰。但考虑到小鸟天堂以鹭鸟为主以及目标物种理论的主观性局限，以赤颈鸭为小鸟天堂的焦点物种有较大的争议性，因此选定小白鹭为焦点物种，对水鸟生境进行设计优化。

（2）现状生境分布

现存湿地生境类型有榕岛、竹岛、浅滩、农田、河流等。生境类型丰富，由水系划分成多个小岛屿，面积均在 1hm^2 以上，符合水鸟栖息岛屿斑块面积要求（1.5hm^2），但开阔水面（包括浅滩）面积所占比例较小。对其植物围合形成的空间进行分析，如图 4-29 所示，小鸟天堂主要的开阔空间

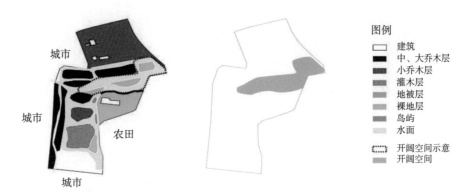

图 4-29　小鸟天堂植物围合空间分析

位于核心区东侧，被竹岛、榕岛以及隔离林带包围，界面多为高大的乔木。

（3）分区规划

1）保护范围

根据规划理念和相关规范，小鸟天堂湿地公园核心保护区的保护半径至少是500m；缓冲区的保护半径是1000m。以核心鸟岛为圆心绘制，半径500m的保护范围，把核心区严格保护起来（图4-30），以此限定周边用地范围不能突破保护半径，有利于保护园内生态环境。

2）分区原则

为了较好控制不同参观人群的流线，同时能尽量降低对鸟类的干扰，以湿地资源价值、分布、鸟类分布为基础，以距离核心鸟岛的长度来衡量划分各区。

图 4-30　保护范围分析图

3）功能分区

依照以上原则，参照其功能类型，公园内共分为七个主要区域（图4-31）。形态上，延续原来榕岛的形态，以岛的方式形成场地内斑块结构并以此分区，起到了自然阻隔的屏障作用，园区的七大片区分别为：广场入口区、旅游休憩区、堤坝绿色屏障区、湿地科普教育景观区、湿地生态恢复区、鸟岛核心区与实验科普区。

图4-31　小鸟天堂分区图

（4）基于目标物种的生境设计

1）目标物种栖息场所需求

小白鹭属涉禽类，在珠三角地区广泛分布，在小鸟天堂景区全年均可观察到，习性较胆大，不怕人。生境类型为稻田、泥滩、小溪流、岛屿、湖泊、鱼塘、岛屿，通常在针阔混交林、竹类、芦苇丛、灌木上筑巢，筑巢地以距离觅食的沿海滩涂4km以内、500m内设置有觅食区为宜，巢距地高15~20m，繁殖期3~7月。对水位的需求为10~50cm，在10~23cm的浅滩栖息，50cm水深可满足其食物及植物遮蔽需求。

2）目标物种栖息场所生境营造措施

基于目标物种生活习性及栖息爱好，对其生境营造提出综合营建原则及方法：

①开阔水面：建议设置1~2个，占总面积的40%以上，包括开阔水面及水生植物丰富的水域（水生植物：水域=50：50），深水处深度50~67cm，水生植物包括藻类、浮萍、香蒲、睡莲、荷花等。

②岛屿：可设置多个，每个面积不小于314m²，种植高大乔木、竹类等。

③浅滩：可设置水深不一的浅滩，深度主要有两个重要范畴：2.5~7.5cm，10~23cm，自由种植至少30cm高的草本或灌木遮蔽层，在灌草丛中放置瓦片和石块，以便蟋蟀类昆虫栖息。

④农田、芦苇丛、草地等：保留，为昆虫、两栖类动物提供栖息地。

具体营建模式如图 4-32 所示，各模式栖息区设计要点见表 4-4。

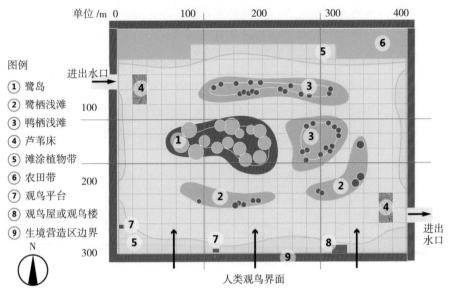

图 4-32　水鸟栖息区模式图

水鸟栖息区模式设计要点　　　　　　　　　　　　　　　　　　　　　　　　表 4-4

序号	名称	生态目的	布局依据	设计及管理要点
1	鹭岛	以小白鹭为焦点物种的栖息、繁殖区	毓期 3~9 月为敏感期，放置在距离岸边至少 120m 的核心地带	①岛屿高于常水位 0.5m 以上；②岸线坡度在 5°~25°；③种植适合小白鹭筑集的树种：榕树、樟树、台湾相思、乌桕、马尾松、侧柏、圆柏、毛竹
2	鹭栖浅滩	以小白鹭为焦点物种的栖息、觅食区	作为鹭岛的缓冲区放置在靠近观鸟界面的一侧，与岸边保持 10m 以上距离	①大部分面积在水下，标高 -0.100m~0.230m；水上面积标高在 +0.270m~+0.400m 左右，满足汛期小白鹭的栖息需求；②靠近浅滩一侧的水体深度在 0.5m 即可
3	芦苇床	净化水质并为水鸟提供食源	放置在进出水口处以过滤水	①宽度至少 10m；②由砖块、蚝壳和大片芦苇组成
4	滩涂植物带	遮蔽作用，提供水鸟食源的湿地生境	作为缓冲带放置在靠近鸟界面一侧	①宽度至少 10m；②自然驳岸处理，坡度尽量平缓；③标高在 0~1m 之间
5	农田带	提供水鸟食源；丰富公园景观层次	冬季候鸟期可作农闲处理，人为干扰不在	①视栖息地条件可设置为基围、稻田

2. 基于土方平衡的竖向设计

为了尽量减少对原场地的人为干扰同时增强场地景观效果，对场地进行竖向设计。竖向设计的原则是就地土方平衡，结合湿地河道开挖的土方量就地堆土成坡，像一些景观亭、栈道等可结合地形的高低起伏设计。竖向设计可利用当地软质地基与地下水位高的特点，局部开挖河道形成湿地景观，开挖的土方量就地堆土成坡，创造湿地岛屿高低起伏的地形，并且实现零余泥外运。具体的水域范围现状图、规划图、岛屿范围现状图、规划图如图 4-33 和图 4-34 所示，据此进行场地总体竖向设计。

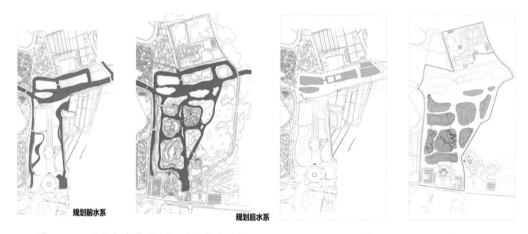

图 4-33 现状水域范围和规划水域范围图　　　图 4-34 现状岛屿范围和规划岛屿范围图

对小鸟天堂总体竖向设计的把控是对水深的设计与控制以及对入口广场区的平整。为了起到净化水质的效果及生态科普教育功能，利用高差打造表流人工湿地处理系统，分浅滩和深滩处理。通过小型池塘抽水蓄水，经沉淀，流经跌水地形，过滤不溶性颗粒，最后到浅滩区，由植物进行生物吸收净水；深滩区则以养殖净水动植物实现（图 4-35）。

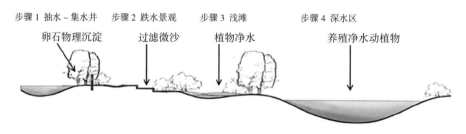

图 4-35 小鸟天堂表流人工湿地处理系统分析图

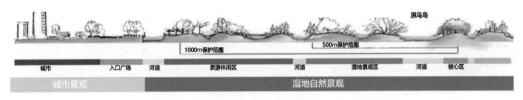

图 4-36 小鸟天堂南北面剖面图

整体地形打造如图 4-36 所示，形成高低起伏具有自然野趣之美的地形变化，通过丰富的竖向变化，不仅天然地起到了功能分区和防止干扰的作用，同时也为各类植物和动物提供了良好的栖息环境。

3. 营建"游护合一"的湿地公园

湿地公园不仅为鸟类提供了栖息活动的场所，也为市民提供一个亲近自然、享受自然的机会，如何积极保护小鸟天堂长期形成的自然景观与人文景观有机融合的格局，使该景区的绿色生态景观可持续发展，是项目设计中遇到的一个重点问题。设计团队秉承鸟类多样性保护、人与自然和谐共存的理念，在设计中通过生境层次丰富、游览路线优化、游客容量控制，进而降低同一空间中人对鸟的打扰，在加强游客的游览体验的同时也有效地保护了鸟类栖息生活，实现了"人在画中游，鸟在林中飞"的目标。

（1）丰富生境层次

基于焦点物种栖息地需求，可在局部设计时丰富小鸟天堂生境层次，主要措施是控制水位、芦苇床和沿岸滩涂植物带。具体设计为：

1）根据珠江三角洲水鸟跰跰数据，建议小鸟天堂现有浅滩水深深度在 20~140mm，深水区水深在 0.8~1.2m 内。

2）增设芦苇滩涂。

3）增加沿岸滩涂植物带，一是增加水生植物的比例，营造小白鹭喜爱的生境；二是在水流方向上增设净化水的植物，尤其是两个出入口处，净化场地水系。具体浅滩设计可参考图 4-37。

（2）优化游览路线

为实现"游护合一"，在对核心保护区与生态恢复岛进行近距离观鸟活动时，限制观赏方式，只可乘坐游船进行观赏，通过管理手段加强对鸟类的保护，同时，泛舟湖上也可增强游览趣味，对于小鸟天堂湿地公园不失为亮点。但之前原有游船路线（图 4-38）并未考虑声环境干扰对鸟类栖息繁殖的影响，也未考虑不同季节鸟类对环境干扰的响应能力，因此适当调

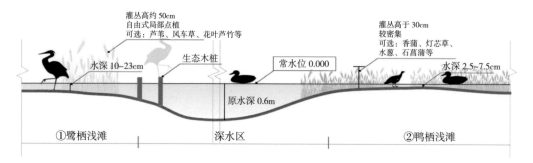

灌丛高约50cm
自由式局部点植
可选：芦苇、风车草、花叶芦竹等

灌丛高于30cm
较密集
可选：香蒲、灯芯草、水葱、石菖蒲等

水深10~23cm

生态木桩

常水位0.000

水深2.5~7.5cm

原水深0.6m

①鹭栖浅滩　　　　　深水区　　　　　②鸭栖浅滩

图4-37　浅滩设置示意图

图4-38　小鸟天堂原有游船路线

图4-39　小鸟天堂优化游船路线

整其游船路线，基于焦点水鸟的敏感期以及核心区的生态保护，按时间序列分两条路线，如图4-39所示。全年游线在缓冲区及功能区内，非水鸟敏感期（7~10月）游线邻近核心区边缘。同时在游线上增设景点，如雕塑等景观构筑，增强水路游览的趣味性，减少鸟岛的压力。

（3）控制游客容量

为了保护小鸟天堂湿地生态环境，减轻人为干扰，保证小鸟天堂湿地公园健康、可持续发展，需对小鸟天堂每天的游客数量进行控制，防止过多人涌入对鸟类的影响。其中，核心保护区及保育区环境容量计算采用面

积容量法并参照人均绿地面积为 1000m²/ 人计算，最高容量以人均公共绿
地面积为 500m²/ 人计算；缓冲区及公园功能区环境容量计算采用面积容
量法，并参照人均绿地面积为 200m²/ 人计算，最高容量以人均公共绿地面
积为 100m²/ 人计算。计算结果为小鸟天堂的总游客容量为：核心保护区
约 198000m²，折算游客容量 198 人，最高 396 人；生态缓冲区和休闲区、
科普研究区合计面积约 422000m²，折算游客容量 2110 人，最高为 4220
人。因此，在经营管理手段上，建议采用门票限额及预约制度（核心区需
预约）。

4.3.7 恢复效果及设计后评价

小鸟天堂湿地公园自首期工程实施建成后，极大地改善了景区鹭鸟
的生境，也为各种鸟类的居留提供了良好的生息繁殖生境（图 4-40 和
图 4-41）。该湿地公园作为广东省著名的自然生态文化旅游景点和江门市
的绿色名片，取得了一定
的生态、社会和经济效益，
"小鸟天堂"目前已成为国
家级湿地公园。

为进一步评估小鸟天
堂整体环境及功能是否处
于健康状态且具有持续的
能力，设计团队针对小鸟
天堂内的湿地公园功能布
局、湿地公园生境营造和
湿地人工资源及管理的特
点，采用"结构 – 功能"
的分级标准构建湿地公园
健康评价模型，对其包含
的所有结构要素和涉及功
能进行健康评价，并于
2015、2016 年连续两年在
公园内设立测点测量数据

图 4-40　小鸟天堂湿地公园实景图（一）

图 4-41　小鸟天堂湿地公园实景图（二）

（图 4-42），进行横向竖向对比。

评价模型（表 4-5）分三级指标，第一级指标为分类标准，二级指标指评价客体，其中结构指示中包含了组成湿地的基本元素，即水、土、植物、动物及公园整体特征——斑块、廊道以及湿地各种服务功能。三级指标是对二级指标的详细说明。

图 4-42 小鸟天堂湿地公园测点布置图

小鸟天堂湿地公园健康评价模型   表 4-5

		D1 水质
		D2 水深
	C1 水体特征	D3 流速
		D4 水体富营养化程度
	C2 土壤特征	D5 土壤性状
		D6 土壤透水率
B1 结构指示		D7 水生植物比例
	C3 植物特征	D8 本土树种比例
		D9 植物多样性
		D10 入侵物种
		D11 周边噪声质量
	C4 动物特征	D12 鸟类种类
		D13 鸟类栖息地条件

续表

		D14 斑块密度
		D15 斑块类型
	C5 公园内斑块特征	D16 景观多样性指数
B1 结构指示		D17 景观均匀度指数
		D18 廊道类型
	C6 公园内廊道特征	D19 宽度
		D20 密度
		D21 水位
	C7 安全功能	D22 洪水调控
		D23 侵蚀控制
		D24 生态需水量
	C8 生态功能	D25 水文调节
		D26 净化能力
		D27 水陆面积比
	C9 宣教功能	D28 宣教设施
		D29 文化价值
B2 功能指示	C10 科研功能	D30 科研设施
		D31 科研人数
	C11 生产功能	D32 物质生产
		D33 生产性植物所占比例
		D34 生产效益
	C12 经济功能	D35 收入支出比值
		D36 居民点用地程度
	C13 游憩功能	D37 公园游人容量
		D38 配套设施与管理

结合评价模型和湿地调研结果，当前小鸟天堂湿地公园在结构因子上的设计比较符合湿地公园健康的指标，但是却没有完全发挥出良好的生态功能。湿地公园的生产功能、安全功能、科研功能和经济功能以及宣教功能最令人担忧，生产功能处于疾病状态，主要是因为在小鸟天堂内，东侧保留农田部分暂时还未开发，将其划入小鸟天堂范围内之后，原保留蕉树采取粗放式管理，原定果树也未投入栽植，因此并没有集中的生产功能；安全功能部分因为采用的是天然坝，具有一定的生态功能，能够自动根据潮涨潮落来调节开合，但是在暴雨时期对水位的控制就无法准确实现，且同生产功能挂钩的引水用水部分也没有实施；科研功能上，目前小鸟天堂暂时无科研设施投入打算，湿地公园内目前只有一处观鸟楼，很大程度上无法满足所有的观测，对科研人员缺乏吸引力；经济功能的评分较低，也是因为生产功能的未开发，导致大多数的收入比例来源于门票收入，经济自主性较差；生态功能处于中等水平，多岛屿形式增加了小鸟天堂的净化能力，但是生态需水量上却略显不足，需要增强公园水源补给和流动；宣教功能基于小鸟天堂悠久的历史和名人效应得分较高，但是相应的重要文化节点展示还是稍显不足。其中健康程度最高的是游憩功能，基本上已满足湿地公园的标准。

结构因子得分上，植物特征属于脆弱阶段，水生植物比例较低，物种多样性比较贫瘠。斑块特征中斑块密度过大，景观较为破碎。其余结构特征均能保持在中上游水平，公园的水体和土壤都保持良好的理化性质，对鸟类的保护也做得十分到位，特别是在多轮的对鸟类针对性保护规划下，动物要素得分也相对较高，接近健康状态，说明小鸟天堂的鸟类保护规划成效显著，稍显不足的就是水体富营养化程度稍微偏高。

从结果分析来看，小鸟天堂结构要素中的问题，可通过湿地公园生境营造层面进行优化；斑块特征和廊道特征，连同部分生态功能，在功能布局中也能得到优化的方法来解决；公园管理层面上的调整与实施能够增强小鸟天堂的宣教、科研、经济和游憩功能；安全功能、生态功能和生产功能与小鸟天堂结构要素关系密切，也能够从生境营造中得到优化。总结来说，根据评价结果，在小鸟天堂设计优化方面，最终能够回归到湿地公园建设所关注的重点，即功能布局，生境营造和公园人工资源及管理三个方面，通过具体的内容，在设计上提供相应的设计策略，完善和提高小鸟天堂的"健康"水平。

4.4　湖南常德柳叶湖

4.4.1　项目概况

柳叶湖是城市湖泊湿地，曾属于洞庭湖水系，位于湖南省常德市区东北边，属中亚热带湿润季风气候向北亚热带湿润季风气候过渡的地带，气候温暖，四季分明，雨量丰沛，年均气温16.7℃，最冷月1月平均4.4℃，最热月7月平均28.8℃，年降雨量1348.3mm。其范围包括沾天湖、太阳山、花山和白鹤山等区域，总面积175km²，其中湖泊面积21.8km²，享有"中国城市第一湖"的称号。它是东亚—澳大利西亚线国际候鸟及淡水类越冬候鸟迁徙的必经通道和驿站，现被视为西洞庭湖鸟类栖息的重要扩散地和缓冲地。柳叶湖作为城市公园的建设始于1994年前后，于2010年后被列入常德市生态建设重点区域。

本项目设计点为螺湾湿地公园，位于柳叶湖北边沾天湖的蚂蟥溶片区，西起螺湾大桥，东至柳叶湖沙滩公园，是由2015年退耕环湖而形成的观鸟公园，其总面积0.485km²，其中陆地面积0.069km²，水域面积0.416km²。该项目于2016年5月开始实地调查，7月底完成设计，同年10月底完成主体工程建设，2017年3月完成全部工程建设。

以项目设计范围为中心，将调查范围分为项目地及项目地周边两个区域。项目地即螺湾湿地公园全部范围，东至柳叶湖沙滩公园，南至退田环湖老堤，西至螺湾大桥桥头绿地，北至百果园。项目地周边区域即柳叶湖及其沿湖地带，包括湿地水域、沿湖养殖塘、农田、绿地及花山部分（图4-43）。

4.4.2　设计目标

结合城市湖泊湿地自然环境特征，立足柳叶湖文化特色，将园林设计与生态旅游有机结合，最大限度营造亲水环境，丰富观鸟游憩空间，为市民创造集休闲娱乐、鸟类保护、科普教育的湿地观鸟公园。响应美丽湖南

图 4-43　柳叶湖位置图

湖南省　　　　　　　　常德市　　　　　　　　柳叶湖

生态建设的契机，打造常德市"湖山相融、城湖相映、山湖城州浑然一体"的城市名片。

4.4.3　目标物种及栖息地需求的确定

1. 目标物种及栖息地确定——物种落差分析法（图 4-44）

以项目区域动物及其栖息地的本底调查为基础，收集和调查项目区域周边及历史物种数据和栖息地信息，通过历史—周边—现状中物种的差异分析，将历史—现状和周边—现状存在的差异物种作为项目区内的恢复目标物种，并以此确认所需营造的栖息地类型。

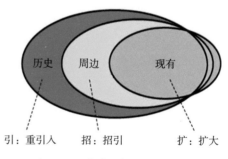

引：重引入　　招：招引　　扩：扩大

图 4-44　落差分析方法示意图

根据差异分析的结果，采取"扩、招、引"3 种方法来提升目标区域的动物种类和数量，一是针对目标区域现有少量分布物种采用扩大种群数量的措施，主要是改善栖息地条件；二是周边有分布且目标区域无分布的物种采用招引措施，主要是放置动物模型、声诱和营造栖息地；三是历史有记录，而目标区域和周边均未有记录的物种采用重引入方法。

2. 鸟类调查

在目标区域和周边区域采用样线法调查。由于螺湾湿地公园面积较小，故围绕其设置一条长样线；在距离项目点较近的柳叶湖及其沿湖地带选取樟树包、汪杨家、陈家碴、柳园锦江酒店和渔场 5 条样线，每条样线长度为 3km 左右。对每条样线进行调查，调查选择晴朗天气，每次调查时间选在鸟类活动最为活跃的 7∶00~9∶00 和 16∶00~18∶00 进行，步行速度为 1.5~2.0km/h。使用双筒望远镜（KOWA8×42）和单反相机观察、记录样线两侧各 50m 范围内的鸟类种类、数量、行为等信息。

3. 栖息地调查

遵循景观分类原则，以螺湾湿地公园和柳叶湖鸟类栖息地环境特征为基础，将其划分为水域、养殖塘、水田、林地、疏林灌丛和建设用地 6 种景观类型。运用 Erdas9.1 遥感图像处理软件和 ArcGIS 地理信息系统软件，将这 6 种景观类型进行目视解译，并在实地调查中进行校正，最后绘制出景观类型分布示意图，再运用景观格局指数法对其景观格局进行分析，以掌握其景观空间布局及其特征。

4. 结果及分析

（1）物种组成

在螺湾湿地公园共记录到鸟类 4 目 11 科 16 种。其中，林鸟有 2 目 9 科 12 种，以雀形目鸟类为主，优势种是白鹡鸰和白头鹎；水鸟有 2 目 2 科 4 种，以冬候鸟为主，主要有斑嘴鸭、绿翅鸭和罗纹鸭。

在柳叶湖及沿湖地带共记录到鸟类 15 目 39 科 79 种。其中，林鸟 8 目 30 科 57 种，以雀形目占绝对优势；水鸟 7 目 9 科 22 种，鹈形目鸟类最多。柳叶湖及沿湖地带常见种和优势种共计 6 目 10 科 13 种，其中，以水鸟为主，有 5 目 5 科 7 种，主要有罗纹鸭、绿翅鸭和凤头䴙䴘等；林鸟 1 目 5 科 6 种，只有白头鹎、丝光椋鸟、麻雀等。

在柳叶湖历史记录统计相关资料，柳叶湖历史记录共有 146 种鸟类。候鸟是柳叶湖历史湿地水鸟组成的重要成分，优势种水鸟主要隶属鸭科、丘鹬科和鹭科，其中豆雁、绿翅鸭、罗纹鸭、黑腹滨鹬、须浮鸥和绿头鸭等在迁徙季节集成大群。

（2）栖息地情况

以螺湾湿地公园和柳叶湖环境现状为基础，结合景观分类原则，将柳叶湖划分为建设用地、养殖塘、水域、农田、林地和疏林灌丛 6 个景观类型，螺湾湿地公园划分为水域、建设用地和疏林灌丛 3 个景观类型。由表 4-6 可知，螺湾湿地公园和柳叶湖水域斑块 CA 和 PAND 值分别为 42.66hm²、70.56% 和 2120.36hm²、28.68%，说明水域面积在两者中均占相对优势。水域作为基质景观为水鸟栖息提供了优势条件。

破碎度影响鸟类的分布模式和群落组成。螺湾湿地公园斑块密度的值较平均，斑块破碎化程度较低，有利于鸟类活动。柳叶湖农田斑块密度最低，一定程度上有利于鸟类觅食；疏林灌丛斑块密度最高，与其多呈绿地过渡带镶嵌分布于农田和居民间有关。螺湾湿地公园和柳叶湖中水域斑块密度均较低，呈块状的开阔水面，为游禽提供了良好的栖息地，且由于螺湾湿地公园是退田还湖而来，故基地有丰富的鱼、虾等底栖动物，为涉禽类水鸟提供充足食源。

连通度影响鸟类迁移、觅食活动等。螺湾湿地公园水域平均形状指数最低，说明其形状规整，斑块连通度低，视线过于开阔，给水鸟带来不安全感，但由于水域分布集中，斑块结合度高。柳叶湖水域平均斑块指数最高，说明其驳岸曲折，有利于吸引鸟类栖息和活动；农田平均斑块指数最低，边缘规整，自然连通度低。

螺湾湿地公园和柳叶湖基本景观指数 表 4-6

类型	螺湾湿地公园				柳叶湖			
	CA	PLAND	NP	MSI	CA	PLAND	NP	MSI
建设用地	4.84	8.01	1.65	4.64	1579.48	21.36	1.22	1.62
水域	42.66	70.56	1.65	2.21	2120.36	28.68	1.30	1.71
疏林灌丛	12.96	21.44	1.66	4.14	391.92	5.30	2.46	1.56
农田	—	—	—	—	1292.88	17.49	1.01	1.54
养殖塘	—	—	—	—	1020.00	13.80	1.41	1.56
林地	—	—	—	—	988.40	13.37	2.16	1.60

注：CA，斑块面积（hm²）；PLAND，斑块占景观面积比例（%）；NP，斑块密度（个/hm²）；MSI，斑块平均形状指数。

（3）目标物种及招引方法

根据上述落差分析方法，对比分析后筛选出可招引主要目标鸟类21种，其中重引入3种、招引11种和扩大7种（表4-7）。

主要目标招引鸟类名录及恢复方法   表 4-7

恢复方法	数量	物种
扩大	7	斑嘴鸭，绿翅鸭，白鹭，八哥，小䴉鹛，丝光椋鸟，棕头鸦雀
招引	11	琵嘴鸭，池鹭，苍鹭，夜鹭，罗纹鸭，凤头䴉鹛，黑水鸡，普通鸬鹚，白胸苦恶鸟，黑尾蜡嘴雀，水雉
重引入	3	黄斑苇鳽，普通秧鸡，栗苇鳽

（4）目标栖息地

栖息地调查分析说明螺湾湿地公园栖息地景观类型单一，破碎化程度低、连通度低，结合目标鸟类栖息地需求，遵循因地制宜、自然连通和景观异质的原则，初步确定营造 4 种栖息地类型，包括浅滩、深水、岛屿和林带。其中，浅滩主要为鹭鸟等涉禽类提供觅食地和活动地，岛屿主要为游禽和涉禽提供繁殖和歇息地等。深水区主要为雁鸭类和䴉鹛类等游禽提供觅食地和活动地。林带主要为林鸟等鸣禽提供觅食地、繁殖地和荫蔽地等。针对目标招引对象的生活习性和螺湾湿地公园生境现状，从水体、植被和人为干扰三方面制定目标栖息地营造要点。

4.4.4　设计与操作

根据目标招引鸟类种类、鸟类习性及其对生境的要求，并结合柳叶湖现状地形、自然环境和人文资源，将螺湾观鸟公园分成浅水区、深水区、岛屿区和林带区（图 4-45 和图 4-46）。

柳叶湖退耕还湖后底栖资源丰富，结合湖泊湿地环境特点，柳叶湖鸟类资源情况，进行鸟类栖息地营造，通过修岸、筑岛、营滩、开湾、理水等多种方式，创造适合鸟类生存的环境，通过改造微地形，增加植物种类和一些招引配套措施。为鸟类营造适宜的栖息地。同时增加水岸曲折度，以加长游览路线和形成多视角景观。加强湖区与周边人行道、机动车道和商业建筑的隔离，避免交通和游人过渡干扰。

1. 浅水区

针对螺湾观鸟公园水域与其他斑块连通度较低，以及鹭鸟、鸻鹬类、

图 4-45　螺湾观鸟公园总平面图

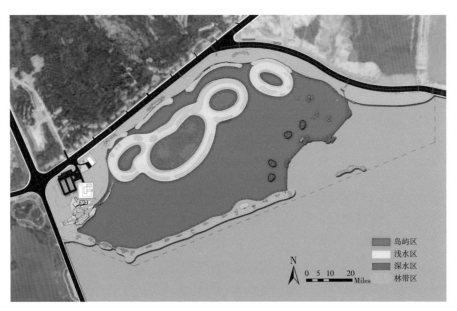

图 4-46　螺湾观鸟公园分区图

雁鸭类的觅食需求，沿驳岸营造光滩和浅滩。浅滩水深设计在 0.3m 以下，坡度 5° 以内，从光滩（岸边）逐渐过渡到浅水。采用片植的种植手法，种植芦苇、千屈菜、蒲苇、菖蒲、水葱、莼菜和茭等挺水植物，以及芡实、菱角和萍蓬草等浮水植物。光滩部分植物种植覆盖率宜为 10%~20%，浅水部分植物覆盖率为 40%~60%。为增强鸟类安全感，可用植物围合成若干小型内部安全水域（图 4-47）。

2. 深水区

深水区主要结合柳叶湖地形地势和水域特征，为雁鸭类和鸥类提供活动觅食区域。深水区水深设计 0.3m 以上，主要种植金鱼藻、狐尾藻、黑藻、苦草等沉水植物，种植覆盖率宜为 40%~60%，为雁鸭类提供块茎食物。同时也为柳叶湖的底栖动物提供食物来源，增加湿地的物种丰富度（图 4-48）。

3. 岛屿区

由于螺湾观鸟公园生境单一，斑块类型少，需营造多样的栖息环境。在大水面中营造一个大岛和若干个小岛。其中大岛主要为鹭鸟提供繁殖栖息地，布置在离人类活动 50m 外的水域中，面积 0.02~0.03km^2，露出水面 1m，形状尽量接近圆形，不宜过于狭长。岛上密植乔木和竹子，选择分枝多、苍绿、异质性高、结构复杂的林分，如马尾松、粉单竹、牛角竹、撑

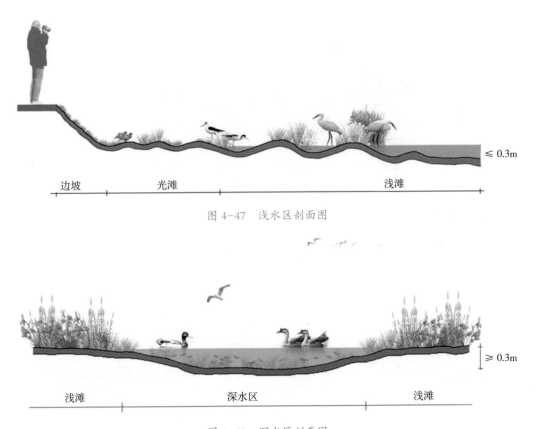

边坡　　　　　　光滩　　　　　　　　　浅滩　　　　　　　≤ 0.3m

图 4-47　浅水区剖面图

浅滩　　　　　　　深水区　　　　　　　浅滩　　　　　≥ 0.3m

图 4-48　深水区剖面图

篙竹、樟树、水杉、池杉、栾树等植物。鹭鸟对竹林有极大偏好，可适当增加竹林的种植面积，种植覆盖率可达60%。此外，在岛上南侧营造一个10m×60m的沙滩地，以提高生境多样性（图4-49）。

小岛主要为雁鸭类和秧鸡类提供繁殖活动地。在距离人类活动20m外的水域，小岛围绕大岛周边分散布置。单个小岛设计面积0.01~0.02km²，露出水面0.5m，坡度5°以内，岛屿走向与岸边景观尽量保持平行，起遮挡隐蔽作用。岛上植被以灌草、湿生植物为主，不宜种植乔木，方便雁鸭类起飞。近水处可选种芦苇、千屈菜、蒲苇、菖蒲、水葱、萍蓬草、莼菜、菰、苦草、芡实等禾本科植物，水生植被覆盖率宜为30%~60%（图4-50）。

4. 林带区

针对林带树种种类较少，特别是结果类乔木，需根据招引目标鸟类喜食情况丰富植物种类。林带主要为林鸟提供繁殖、觅食和栖息场地。沿湖种植结果植物，林下搭配种植灌草，形成乔—灌—草的复合种植形式。果

图 4-49 大岛剖面图

图 4-50 小岛剖面图

图 4-51　林带剖面图

树可选用冬青、苦楝、桑树、杨梅、火棘、枇杷、女贞、枸骨、桃、李等树种。根据植物结果时间的不同，植物配置尽量做到四季有果，以便全年吸引鸟类活动。早春季节是湿地鸟类食物资源相对匮乏的时期，可以适当增加早春季节挂果植物种类，如苦楝、枸骨、冬青等。同时适当增加夏季结果树种，如桃、李、杏、樱桃、枇杷等。一般情况下，每 50 m 种植 3 棵以上果树（图 4-51）。

4.4.5　配套措施

1. 食物措施

湖南冬季气候寒冷，植物生长缓慢，昆虫类和鱼类数量减少，导致鸟类食物来源紧缺。为帮助湿地鸟类安全越冬，需要对鸟类食物进行补给，采取人工喂食的方法，提高鸟类存活率。人工喂食台的布置和投食点的选址以鸟类取食安全为首要条件，兼顾不同鸟类取食习性，采用地面式、悬挂式、漂浮式等多种形式。一般选择邻近灌木丛的开阔地带，方便鸟类取食时观察周边情况，快速躲避天敌。也可将食物投放在柳叶湖人工岛上，有效减少人来活动的伤害。亦或在湖上设置生态浮排，在浮排上进行人工投食。

在食物的选择上，鱼类、昆虫等肉类在冬季可以一次多投，在其他气温高的季节则需要少量多次投放，防止食物腐烂。对于干粮，则尽量选择吸水后膨胀性比较低的粮食，或是把粮食碾碎再投放。否则，鸟类大量吃进膨胀性高的干粮颗粒，干粮颗粒在嗉囊里吸水膨胀，导致嗉囊撑裂，鸟类死亡。鸟类的非摄食时间是正午和傍晚，食物投放应避免在这两个时间段进行，防止对鸟类造成惊吓。

2. 声诱措施

声诱法是利用远程遥控播放声诱器预存的各种模拟鸟类声音，达到招引周边鸟类的效果。模拟声音一般为吸引异性的鸣叫声、幼雏的喂食声、亲鸟的孵育声等声音。声诱器尽量安置在灌木丛或乔木的隐蔽处，不被鸟类发现，同时减少人为破坏。声诱法不仅有效吸引鸟类，而且有助于人工喂食的统一管理和检疫防疫的工作开展。不同鸟类有不同的食性需求，利用声诱法能有效地进行分类管理。

3. 模型措施

在螺湾观鸟公园视野开阔区域放置中大型具有集群习性鸟类的仿真模型，如白鹭、大白鹭、苍鹭等集群鸟类，放置具有集群习性鸟类的仿真模型，配合声音引诱，能有效招引同类鸟类过来栖息。同时中大型鸟类还能给其他小型鸟类提供地域安全的心理暗示，能吸引小型鸟类到公园内进行觅食、栖息、繁殖等活动。鸟类仿真模型的外部一般采用仿真皮毛，内膜采用聚乙烯塑料，耐室外不良环境影响。其大小与中大型鸟类的成鸟体型基本保持一致。

4. 野放措施

野放动物，是指将当地和周边都已经消失物种通过人工繁育训练后，人工释放到目标区域，学术上称为重引入，跟社会上的放生行为有着根本区别，相关操作需严格执行《IUCN物种重引入指南》。在螺湾观鸟公园适当野放一定数量鸟类，以缩短提升效果的时间。野放前先对鸟类进行检疫和野化训练。

由于饲养环境中缺乏与野生环境相应的特殊"生物元素"，常常导致圈养野生鸟类的生存和繁殖行为出现异常。在饲养环境中适当添加该鸟类的野生环境因素，能够促进其行为的正常表达发育，进而有利于其成功繁殖。同样，在野生鸟类再引入和种群复壮过程中，释放个体（种群）是否能够在野外存活并成功繁殖，往往取决于饲养过程中动物自然行为的维持状况，以及释放前是否进行过有效的野化训练。

恢复野生鸟类在自然环境中的生存行为是一项长期且复杂的工作，目前国际上通常采用环境丰容和行为训练相结合的方法，通过提供鸟类学习捕食、逃避天敌等重要技能的条件来改善圈养动物的生存状态和行为模式。训练工作主要集中在熟悉野外环境、觅食、繁育、警惕、隐蔽、躲避天敌等方面。

4.4.6　招引效果

螺湾湿地公园自 2017 年 3 月完工时，鸟类恢复便初有成效，在项目地已观察到 39 种鸟类。林鸟方面，公园内林鸟活动频繁，已吸引果园、柳叶湖等区域的棕背伯劳、灰椋鸟、黑卷尾、纯色山鹪莺等鸟类来此觅食和定居，原有的八哥和丝光椋鸟等数量明显增加。水鸟方面，项目完成后已观察到包括黑水鸡、池鹭、普通翠鸟、矶鹬、白鹭、苍鹭、普通鸬鹚等来此活动，此外，原有斑嘴鸭、小鸊鷉的数量已显著增加。目标区域的栖息地营造带动周边鸟类多样性进一步提升，2017 年 12 月在项目地东南侧观测到超过 2000 多只野鸭群，种类包括琵嘴鸭、斑嘴鸭、罗纹鸭、绿翅鸭等。大岛由于植物群落还未发育成熟，未发现鹭鸟明显筑巢现象，有待进一步观察。

4.4.7　结语

相较于其他鸟类多样性提升设计，本案例首次探索了在掌握鸟类及其栖息地本底调查基础上，运用落差分析方法实现相对定量化的设计。运用落差分析法确定可招引目标物种来实现两个精准定位：一是通过确定目标物种精准定位生境营造参数，如水深、植被覆盖率和种植密度等；二是通过确定目标物种精准定位恢复方法，如模型、声音和野放招引等。通过对项目区域鸟类栖息地的改善和营建，结合配套招引措施，在湖南常德螺湾湿地公园的实践效果证明此鸟类多样性提升方法具有一定的科学性和可操作性，为以后开展更深入和完善的鸟类招引方法产生积极的推动和引导作用。

4.5　广东广州海珠国家湿地公园

4.5.1　项目地简介

　　广东广州海珠国家湿地公园（以下简称"海珠湿地"）位于广州市海珠区东南部，位于"万亩果园"内，其主体是通过果退水进的湿地恢复工程而建成，规划总面积约 1100 公顷，已建成面积约 869 公顷，是我国特大城市中唯一位于市中心区的国家湿地公园。海珠湿地内有大量的留鸟栖息，同时也是冬候鸟迁徙的重要通道和驿站。海珠湿地包括开放区、限制开放区和保育区三部分。海珠湖陆地范围为公众开放区，年接待游客近千万人次；湿地一、二期为限制开放区，每日限制 3000 人入园；其他区域为生态保育区，不对外开放（图 4-52）。

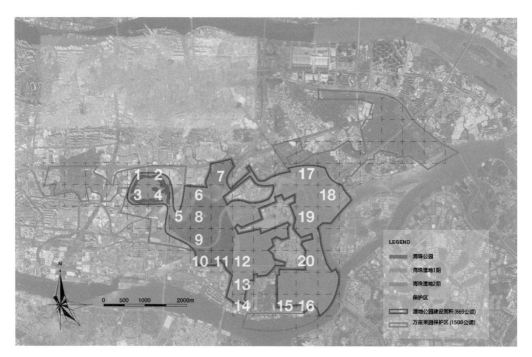

图 4-52　海珠湿地区位及分区

海珠湿地于 2011 年开始筹备土地，2013 年作为广州市野生动物恢复示范工程的示范点正式在海珠湖区开展鸟类恢复示范工程，2014 年工程基本完成，2016 年初见成效，2018 年鸟类已由开展前的 60 多种，发展到当前的 120 多种，形成良好的湿地鸟类景观。

本研究中，研究区域分为项目区域及项目区域周边两个区域。项目区域即海珠湿地，面积约 869 公顷。项目区域周边即广州地区重要城市绿地，即麓湖公园、流花湖公园、荔湾湖公园、珠江公园、大学城湾咀头湿地公园和中山大学南校区 6 处绿地。

4.5.2　方法

1. 鸟类调查

在项目区域内采用样线法调查。采用公里网格法将整个湿地范围划分为 50 个 500m × 500m 的监测网格，根据网格内地形地貌、生境变化等因素，共选择 20 个网格作为监测网格。在监测网格内分别布设一个固定的鸟类监测样线。

对每条样线进行监测时，选择晴朗天气，每次监测 3~5 天，每次调查时间选在鸟类活动最为活跃的 6：00~10：00 和 15：00~19：00 时进行。监测以步行调查为主，步行速度控制在 2~3km/h，同时通过访问当地村民对鸟类情况进一步了解。调查时使用高倍望远镜（KOWA8 × 42）和单反相机观察、记录样线两侧各 50m 范围内的鸟类种类、数量、行为等信息。

本研究自 2013 年 11 月至 2018 年 3 月对海珠湿地共开展 20 次调查，以观察鸟类种数的恢复过程。周边数据为同时期在广州 6 个城市绿地的调查。

2. 物种落差分析法

以项目区域鸟类及其栖息地的本底调查为基础，收集和调查项目区域、周边区域及历史物种数据和栖息地信息。通过历史——现状中物种差异分析，确定现有物种名录（名录 1）和历史物种名录（名录 2），分析历史物种名录与现有物种名录之间的落差，找到历史上消失的物种名录（名录 3），将历史消失物种名录与周边物种名录进行对比，则确定出消失物种中在周边仍存在的物种名录（名录 4），而名录 3 与名录 4 之间的落差则得到本地完成消失的物种名录（名录 5）。

为此，采取"扩、招、引"3 种方法来提升目标区域的鸟类种类和数量：

（1）"扩大"现有物种（名录 1 中的物种）种群数量：针对现有物种进行环境丰容，即丰富栖息地多样性和通过污染处理等生境修复扩大环境容纳量，以扩大现有物种的种群数量。

（2）"招引"周边物种（名录 4 中的物种）：针对周边地区分布较多且栖息地需求与目标区域较为一致的物种，采用放置鸟类模型、声诱和营造栖息地等方法招引周边鸟类前来活动与定居。

（3）"重引入"消失物种（名录 5 中的物种）：针对当地已消失的物种，可根据 IUCN 重引入指南对人工繁育成功或救护的个体进行重引入。

3. 数据处理

优势度：

$$P_i = ni/N \tag{4-1}$$

式中　P_i 为某种鸟在某一生境中的总数；N 为各种鸟在该生境中数量的总和；$P_i \geqslant 5\%$ 为优势种，$1\% < P_i < 5\%$ 为常见种，$P_i \leqslant 1\%$ 为稀有种。

鸟类多样性：

$$H' = -\sum_{i=1}^{S} P_i \ln P_i \tag{4-2}$$

该公式为香农威纳（Shannon–Wiener）指数公式，其中，H' 为物种多样性指数，S 为物种数。

鸟类群落均匀性：

$$J = H'/H_{max} = H'/\ln S \tag{4-3}$$

该公式为 Pielou 均匀度指数公式，H_{max} 为最大物种多样性指数。

"扩"物种：

$$I = C_{2,3} \cap P_{1,2} \tag{4-4}$$

"招"物种：

$$A = C_{2,3} - P_3 - I \tag{4-5}$$

"引"物种：

$$R = H_{2,3} - C_{2,3} \tag{4-6}$$

I、A、R 分别为"扩""招"和"引"的物种的集合，P、C、H 分别为"现状""周边"和"历史"的物种的集合，下标 1、2、3 分别表示稀有种、常见种和优势种。

4.5.3 设计案例

　　海珠湿地目前已逐步建成海珠湖、一期、二期、三期区域，仍有较大面积区域等待规划建设，限于篇幅，我们仅以最早开始生态恢复工作且完全开放的海珠湖公园作为案例。

　　海珠湖公园属于海珠湿地的一部分，是免费开放的公园。公园湖心区面积 1422.6 亩，其中水面面积 795 亩，由内湖和外湖组成。外湖实际上是由六条河涌相连组成的"玉环"，环抱着圆形的内湖，十分优美。因此，海珠湖也被形象地比喻为"金镶玉"。海珠湖的功能定位既作为景观湖，并可对周边的河涌起到补水的作用，同时具有雨洪调蓄、引水、生态、湿地、休闲旅游等功能。

　　1. 设计目标

　　充分发挥海珠湖的水体、小岛及周边环境较好的优势，重点在公园内开展鸟类生态招引工作，打造多样化的生态环境，切实改善公园的生态环境，吸引更多湿地鸟类和迁徙鸟类在此栖息和繁衍，争取建造一个水鸟及林鸟栖息和频繁到访的亲鸟公园。

　　2. 设计策略

　　（1）目标物种确定

　　2013 年下半年组织了包括海珠湖在内的海珠湿地区域进行本底资源调查，共记录到兽类 2 种、两栖爬行类 2 种、鸟类 20 种。从调查结果上看，尽管海珠湿地公园植被较好，但其大部分区域前身为果园，植被结构较为单一，同时某些区域为近两年施工完工，移植的植物还未充分长成，导致整体区域内的动物种类和数量都不丰富。就调查结果而言，湿地公园的动物资源优势并不乐观，特别是在鸟类方面：公园内以雀形目等小型鸟类为优势种，水禽和涉禽等湿地主要鸟类并不多见。运用落差分析法，与历史及周边数据对比，确定海珠湖恢复目标物种主要为鹭类、雁鸭类、黑水鸡等鸟类。

　　（2）分区规划

　　根据海珠湖现状资源条件以及鸟类对生境的喜好、分布特点等要求，将其区域划分为鹭鸟区、野鸭区、大雁区、秧鸡区和林鸟区 5 个分区，具体布局如图 4-53 所示。

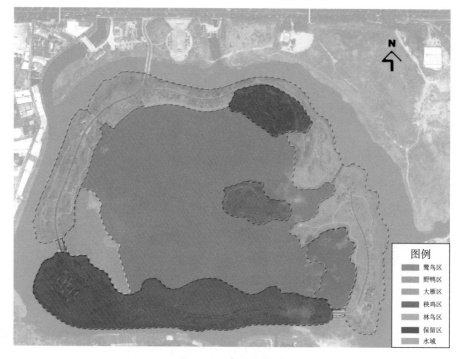

图 4-53　布局分区图

（3）生境设计

1）鹭鸟区：当前生境为小岛，隔绝大部分人类活动，在此的野生动物安全感较高。通过在岛屿边缘营造浅滩，为小白鹭、夜鹭、池鹭等鹭鸟提供觅食场所，适当密植为鹭鸟提供休息筑巢环境。

2）野鸭区：当前生境为大面积水域、散布的小岛。通过适当的措施，帮助重引入斑嘴鸭适应当前区域环境。

3）大雁区：当前生境为缓坡水岸，基本适合鸿雁的生境。通过适当的措施，帮助重引入鸿雁个体适应当前区域环境。

4）秧鸡区：当前生境已种有大量莲等水生植物，适合黑水鸡栖息，同时，该区域有较多游人停憩，在靠近人类活动处宜密植植物作为隔离带。

5）林鸟区：当前生境为林地，为丰富林鸟的食物资源，宜加种四季开花结果植物。

6）保留区：保留，不进行设计，为公园举办活动用。

3. 实施细节

（1）鹭鸟区

重点引入物种：小白鹭、夜鹭、池鹭、苍鹭。

建设内容：

1）放置鹭鸟笼舍，鹭鸟过渡性适应用。

2）放置林鸟笼舍，林鸟过渡性适应用。

3）在小岛上密植平均高度为 3m 的竹子、榕树和相思树，为鹭鸟提供良好的栖息环境。

4）边缘增种芦苇菖蒲等挺水植物，起到遮蔽和缓冲作用。

5）湖心岛滩涂地营造，面积 800.84m²，土方量 684.34m³。遵循就地取材、挖土回填相结合的原则，在海珠湖湖心岛西侧，由湖心岛亲水平台西端往南 58m，水域外围用铁丝网相隔，铁丝网没入水中，中间投放石头作为水体阻拦，石头带与岸边之间水体利用排水装置排干，岸边土方开挖至湖水平面以下 15~20cm，所获土方填到排干的基坑中，压实平整后能达到湖水可漫过且水位在 15~20cm 之间。

（2）野鸭区

重点引入物种：斑嘴鸭。

建设内容：

1）放置野鸭笼舍，野鸭过渡性适应用。

2）岸边种植植物隔离带，降低人类活动影响。

3）建造浮排，为野鸭提供休息和喂食平台。

4）木栈道水下设临时拦网，短期内让野鸭停留在区域活动。

（3）大雁区

重点引入物种：鸿雁。

建设内容：

1）放置大雁笼舍，大雁过渡性适应用。

2）岸边种植植物隔离带，降低人类活动影响。

3）建造浮排，为大雁提供休息和喂食平台。

4）区域边缘水下设拦网，网高出水面 1m，水下到底。

5）边缘增种芦苇、菖蒲等挺水植物，起到遮蔽和缓冲作用。

（4）秧鸡区

重点引入物种：秧鸡类（黑水鸡、白胸苦恶鸟）。

建设内容：

1）放置秧鸡笼舍，秧鸡类过渡性适应用。

2）岸边种植植物隔离带，降低人类活动影响。

（5）林鸟区

重点引入物种：珠颈斑鸠、山斑鸠、红耳鹎、乌鸫、八哥。

建设内容：加种四季蜜源植物和浆果植物。

（6）可选择栽种植物名录

蜜源植物：木棉、白兰、含笑、深山含笑、乐昌含笑、黄槐、洋金凤。

结果植物：芒果、番木瓜、黄皮、番石榴、枇杷、人面子、冬青、桃金娘、九里香、桑树、构树、枸骨。

水生植物：菖蒲、水葱、芦苇、灯心草、茭白、莲、芡实。

（7）疫病防控

动物防疫是预防、控制动物疫病的最根本、最核心、最有效的手段和途径，是确保动物重引入物种健康、稳定和持续发展的重要举措，也是维护社会公共卫生安全的一个重要环节。海珠湖游客量较大，动物疫病的防控也得到高度重视，主要措施有：1）免疫注射。为动物注射疫苗，如在斑嘴鸭和鸿雁幼苗期注射禽流感疫苗。2）严格消毒。通过消毒消灭传染源排到外界环境中的病原体，以切断动物疫病的传播途径，阻止疫病的发生和蔓延，从而做到防患于未然。消毒的重点对象是笼舍、饲养用具、运输工具、圈舍周围环境等。为了达到较好的消毒效果，根据实情考虑消毒液的种类，不同种类的消毒剂交替使用。3）饲养管理。根据营养标准和需要供给科学合理的日粮和健康卫生的饮水，保持清洁、良好的圈舍卫生，笼舍建设通风设施良好。同时选择适当的抗菌类药物和抗寄生虫类药物，定期预防畜禽的细菌性感染和寄生虫病。对于杂食性的林鸟日常除了主要喂食成品饲料外，会适当喂食一些动物性饲料，如面包虫；也会根据情况补充一些水果，提供维生素，增强鸟类体质。4）加强检疫。引入物种在示范点进行野放前进行疫源疫病检疫，首先对动物个体进行采样包括咽拭子、肛拭子和环境样（抽样强度 ≥ 2%）。参考检疫结果，对健康的动物个体用于野生动物恢复项目。

4. 恢复效果（图 4-54~ 图 4-57）

海珠湖通过生境营造增加了湿地滩涂面积，有效缓解了湿地水鸟的环境压力，使海珠湖生态环境得到有效改善，为野生动物尤其是水禽提供了更多适宜栖息和取食的空间。项目过程人为引入 25 种鸟类，隶属 7 目 8 科。现今在海珠湖能够发现大群取食、栖息的水鸟，可以观察到大白鹭、白鹭、夜鹭、苍鹭、黑翅长脚鹬、金眶鸻、灰翅浮鸥、斑嘴鸭、绿翅鸭、花脸鸭、

图 4-54　已适应海珠湖环境并繁殖成功的斑嘴鸭

图 4-55　活跃于周边的鸿雁

图 4-56　2014 年秋大量迁徙的鹭鸟活动于海
　　　　珠湖浅滩

图 4-57　游客架起的"长枪短炮"

鸳鸯、琵嘴鸭、普通鸬鹚等 20 余种水鸟在海珠湖及其周边区域内活动。

伴随着海珠湖野生动物数量的回升，吸引了大量摄影爱好者前来拍摄，"长枪短炮"架起了海珠湖的自然野趣。还引来了中小学生、自然教育、观鸟协会等社会团体前来感受在城市中难得一见的自然生态。湖面上灵动的水鸟，刚刚破壳而出的雏鸟，为城市生长的孩子弥补了一丝"自然缺失"的遗憾。

4.5.4　结果及分析

1. 物种组成

广东海珠国家湿地公园在 2013 年共记录到鸟类 5 目 16 科 27 种，其中，雀形目占绝对优势，种类最多的科是鹎科，优势种是暗绿绣眼鸟、白头鹎、白鹡鸰和长尾缝叶莺。从居留型看，主要为留鸟共 21 种，其次为冬候鸟共

5种；从栖息地来看，以林鸟为主，水鸟仅发现池鹭一种；从保护级别来看，主要是国家三有保护鸟类。

广州6个城市绿地（周边鸟类数据）共记录到鸟类13目34科83种，优势种是暗绿绣眼鸟、白头鹎、乌鸫、夜鹭、红耳鹎和豆雁；从居留型来看，留鸟占主导，候鸟主要为冬候鸟；从栖息地来看，以林鸟为主，但水鸟占比远高于海珠湿地，有12种。

历史鸟类数据为16目50科245种，优势种是白头鹎、黄腹鹪莺、白鹡鸰和红耳鹎。

2. 目标物种

根据上述落差分析方法，对比分析后筛选出可招引主要目标鸟类26种，其中扩大7种，招引8种和重引入13种（表4-8）。

主要目标招引鸟类名录及恢复方法   表4-8

恢复方法	数量	物种
扩大	7	珠颈斑鸠，白喉红臀鹎，棕背伯劳，鹊鸲，乌鸫，大山雀，树麻雀
招引	8	苍鹭，小白鹭，夜鹭，鸿雁，绿头鸭，斑嘴鸭，家燕，红耳鹎
重引入	13	白腰文鸟，叉尾太阳鸟，褐翅鸦鹃，褐头鹪莺，黑喉石䳭，红嘴蓝鹊，画眉，灰眶雀鹛，金腰燕，栗背短脚鹎，普通翠鸟，树鹨，棕颈钩嘴鹛

3. 目标栖息地及设计要求

根据目标物种和项目地现状，按照不同鸟类类群对栖息地不同的需求，将项目地划分为4种类型的栖息地，包括鹭鸟类、秧鸡类、雁鸭类和林鸟类。

（1）鹭鸟类栖息地

主要招引对象为鹭类，如苍鹭、白鹭、夜鹭等。主要选择水深在0.3m左右的滩涂及浅水区域，或高出水面0.5m左右的小岛。滩涂及浅水区域成片种植挺水植物，围合成若干小面积的安全区域，水岸或小岛种植密林作为繁殖地，宜选用分枝多的本土树种，偏重于四季挂果和蜜源植物。

（2）秧鸡类栖息地

主要招引目标为黑水鸡、白胸苦恶鸟等。选择水深0.5m以下的大块浅水或滩涂地，水体基质以当地鱼塘基质为主。秧鸡类物种多营巢于水边或水中茂密的灌草丛中，故在水体内随机营造若干水草区，水草以挺水植物为主，密植，宜采用多种水草（保证至少 5 种以上），水生植被覆盖率宜在 60% 左右。

（3）雁鸭类栖息地

主要招引目标为雁鸭类，如鸿雁、绿头鸭、斑嘴鸭等。选择水深在 0.3~2m 内的开阔水域，多块水域间宜相互联通。雁鸭类喜在岸边或小岛筑巢，可在水域中构建生态岛或打造曲折的自然驳岸。此外，水岸边可适当种植一些十字花科、禾本科、豆科植物，为野鸭在此越冬创造一定的条件，为其提供充足的植物性食物。

（4）林鸟类栖息地

主要招引红耳鹎、喜鹊、家燕、画眉等林鸟。海珠湿地前身为"万亩果园"，保留有较多果树资源，果林可为林鸟提供繁殖、觅食和栖息场地。不足的是场地内果树品种多样性较低，因此对林鸟类栖息地的生态修复需根据招引目标鸟类喜食情况丰富植物种类，尽量做到四季有果，以便全年吸引鸟类来此活动。早春季节是湿地鸟类食物资源相对匮乏的时期，可以适当增加早春季节挂果植物种类，如苦楝、枸骨、冬青等，同时适当增加夏季结果树种，如桃、李、杏、枇杷等。

4. 配套措施

根据物种落差分析确定的目标物种，除常规配套措施外，本案例创新性使用了声诱、野放、模型等鸟类招引措施，具体如下：（1）声诱：利用隐蔽放置的喇叭播放预存的各种鸟类声音，声音一般为吸引异性的鸣叫声、幼雏的喂食声、亲鸟的孵育声等声音；（2）模型：在海珠湿地视野开阔区域放置中大型具有集群习性鸟类的仿真模型，如苍鹭、白鹭、夜鹭等集群鸟类。（3）野放：是指将当地和周边都已经消失物种通过人工繁育训练后，人工释放到目标区域，相关操作需严格执行《IUCN 物种重引入指南》。

5. 招引效果

广东海珠国家湿地公园自 2014 年生态修复工程基本完成，鸟类多样性提升便初有成效。从 2013 年的 5 目 17 科 27 种鸟类发展至 2018 年的 13 目 29 科 76 种鸟类。具体招引效果如下：

（1）物种多样性与均匀性显著提升。由表 4-9 可知，在基于物种落差分析的系列生态修复工程实施之后，海珠湿地内鸟类物种多样性与均匀性均大幅上升。2013 年是开始进行生态修复的年份，多样性为 2.04，均匀性为 0.63；2014 年是物种引入的第 1 年，多样性和均匀性都明显提升；2015 年，多样性与均匀性有所回降，可能是部分新引入物种不适宜新环境导致；2016 年开始，多样性与均匀性再次升高并稳定在较高高度，2016~2018 年多样性均稳定在 3.00 以上，稳定性均稳定在 0.70 以上。可见基于物种落差分析的生态修复工程的实施与鸟类多样性的提升具有明显的相关关系。当然，鸟类多样性的提升也可能是由于生态改善而不仅仅是物种落差分析的效果，还需从具体物种层面进一步分析物种落差分析的促进作用。

（2）大部分招引扩物种表现良好。物种落差分析确定了 28 种招引扩物种，其中 21 种表现良好（一直存在或新增后稳定存在），可知该方法却定的招引扩物种大多能很好适应新环境；同时，据统计，2013~2018 年间表现良好的物种共有 45 种，可知该物种落差分析确定的目标物种占到表现良好物种的大部分。这些表现良好的招引扩物种包括苍鹭、白鹭、夜鹭、鸿雁、斑嘴鸭等涉禽或游禽，也有家燕、树鹨、红耳鹎、白喉红臀鹎等鸣禽，此外还有褐翅鸦鹃、普通翠鸟等攀禽和陆禽珠颈斑鸠等。2013~2018 年间另外的 24 种表现良好物种有的是因园林观赏价值而额外确定的招引物种，如黑水鸡、鸳鸯、白胸苦恶鸟等；有的是原有优势种如暗绿绣眼鸟、白鹡鸰等；有的则是因生态环境总体改善而增加，如普通鸬鹚、斑文鸟等。

（3）鸟类类群组成显著改善。本研究中，2013~2018 年表现良好的鸟类共有 45 种，其中 20 种是 2013 年就存在的，25 种为新增表现良好物种。2013 年表现良好物种中，候鸟仅有 4 种，包括小白腰雨燕、北红尾鸲、褐柳莺、黄眉柳莺等；水鸟仅有一种，即池鹭。生态修复之后，新增表现良

海珠湖 2013~2018 年鸟类多样性及指数及均匀度指数　　　　　　　　表 4-9

年份	2013	2014	2015	2016	2017	2018
多样性指数	2.04	2.64	2.26	3.03	3.10	3.02
均匀度指数	0.63	0.69	0.58	0.75	0.77	0.74

好物种中有 10 种候鸟，如小鹏鹉、黑尾蜡嘴雀等；有 12 种水鸟，包括苍鹭、草鹭、白鹭、夜鹭等鹭鸟类以及鸿雁、鸳鸯、斑嘴鸭等雁鸭类。候鸟或水鸟都是对生态环境十分敏感的鸟类种群，越来越多的候鸟或水鸟将海珠湿地作为其越冬地或繁殖地，表明生态修复工程实施后海珠湿地的环境显著改善。

4.5.5 讨论

1. 影响海珠湿地鸟类多样性的不利因素

生态类型的相对单一是实施生态修复前海珠湿地鸟类多样性较低的主要原因。海珠湿地是由万亩果园进行"果退水进"的湿地修复工程而建成。在项目开始改造前的 2013 年，果林生态类型在其中占据主导地位，植被类型也相对单一，主要为乔木，植物品种也主要集中在龙眼、荔枝等经济果树，其他生态类型相对较少，特别是缺少滩涂、浅水区等对水鸟或候鸟友好的环境，故导致鸟类的食物来源、栖息地类型较少，进而影响鸟类物种多样性水平。

2. 物种落差分析法与鸟类多样性提升

物种落差分析法的应用使得海珠湿地鸟类多样性得到改善。指标层面，改造之后海珠湿地鸟类的多样性指数与均匀性指数基本高于改造之前；物种层面，物种落差分析确定的招引扩物种大多能很好适应新环境，并且这些物种占到表现良好物种的大部分；类群组成层面，候鸟或水鸟的比重显著提升。所以，根据物种落差分析确定目标物种并采取相应招引扩措施，不仅能有效提高鸟种的多度和均匀性，还能保证扩招引物种稳定存在，更能根据需要有效改善鸟类的类群组成。可见，物种落差分析对比传统鸟类多样性提升方式具有更高地可控性和可预测性。

3. 物种落差分析法的特点

方法起源上，物种落差分析法的提出基于动物行为学、保护生物学、动物生态学和恢复生态学等多学科的原理和专家学者长期的工作实践。它能够在综合多学科背景知识的前提下，提供便捷的决策支持，具有科学性和可操作性。

方法机制上，湿地的建设与后期管理会对水鸟及其栖息地产生动态影响，物种落差分析法能在对这些动态影响做出合理预测的基础上，确定招引的目标物种，并进一步实现对生境营造参数（如水深、植被覆盖率和种植密度等）和恢复方法（如模型、声音和野放招引等）的精准定位，具有前瞻性和精确性。

方法操作上，物种落差分析法确定的目标物种可根据现实需要（如经济因素、景观因素、甲方或群众要求等）或场地局限（如场地内缺少某些生态类型或目标栖息地难以选定与营造）进行调整，调整方式包括微调"招引扩"目标物种公式或直接增删目标物种名录等，具有灵活性和适应性。

方法效果上，海珠湿地的工作成果表明该方法能有效提升鸟类的多样性，帮助新增或恢复的鸟类形成稳定种群，有效改善鸟类的类群组成，具有可控性和可预测性。

4. 物种落差分析法的未来发展

除海珠湿地项目外，物种落差分析法目前还在湖南常德柳叶湖、浙江杭州湾慈溪湿地和广东珠海淇澳岛等地的鸟类多样性提升中有项目实践，都取得了显著效果，有力地证明了该方法的可靠性。未来该方法可在更多湿地公园的鸟类多样性工作中进一步推广，并在实践中获得完善。此外，理论上看，物种落差分析法的适用范围并不局限于城市湿地公园鸟类的多样性提升。未来该方法能应用于更多湿地公园的鸟类多样性提升工作，并可在其他类型的城市绿地，在更多类别目标物种的多样性提升工作上进一步推广，并在实践中获得完善。

展望

公园城市是习近平总书记生态文明观在城市生态建设发展中的一大创新，突破了原有城市生态的概念，集中于人与生态和谐。公园城市不再是公园化的城市，而是公、园、城、市所展现出来的在公共底板上的生态、生活和生产的综合体：奉"公"服务人民、联"园"涵养生态、塑"城"美化生活、兴"市"低碳高质生产。这对于野生动物来说，将在城市中迎来一个与市民和谐共生的生存环境和发展机遇。与此同时，野生动物作为生态系统的重要组成部分，在融入公园城市生态的过程中，有望在"服务于民""提升生态""美化生活"和"提效低碳"中发挥积极作用。

野生动物推动了地球生态环境的稳定化、生命的多样化和形态的万千化。但在地球进入人类纪后，则成为人类发展，特别是城市化发展的重大受害者。这一再引起人们的关心和担忧，也让人类自身遭受过惨痛教训。可喜的是，野生动物保护力量正处于上升趋势，在中国正在不断取得相应的成绩。

本书在完成初稿时，也正是第十五届生物多样性缔约国大会（COP15）在昆明召开之时。COP15确定了遏制生物多样性衰退的全球任务。习近平总书记在会上作了主旨发言，明确指出："生物多样性使地球充满生机，也是人类生存和发展的基础。保护生物多样性有助于维护地球家园，促进人类可持续发展"。随后，我国正式宣布：将生物多样性保护纳入国家战略。野生动物作为生物多样性的重要组成部分，其保护将迎来一个战略机遇。该机遇也将在公园城市建设中出现，更多的野生动物将与市民们共存，为满足人民美好生活向往服务。

公园城市建设在城市野生动物多样性恢复带来契机的同时，野生动物本身具有的生态功能，其群落重建与资源恢复，也将为公园城市作出自身贡献：形成灵动景观、与人爱心互动、丰富文化产出和增效固碳吸氮等，从而使市民们更深入地享受和体会到公园城市在生态质量、文化内涵和景观美化所创造出的自然和谐之美。城市中野生动物资源与功能提升，也要注意其潜在风险。当前东北虎入村和西双版纳大象北迁都在提醒我们：在保护好野生动物的同时，需时时注意人与野生动物的关系，而智能化监测和生态调控措施等的应用将是其中不可或缺的内容。

随着公园城市建设的推进，我们可预见野生动物功能在公园城市中将得以更好发挥，将围绕着"公""园""城""市"，四个方面发挥积极作用：

（1）奉"公"服务人民，改善人民生活：加强市民与野生动物互动，有助于提升市民的身心健康及心理疾病治疗；赏析动物，以丰富文化创作、构建美学；学习和研究动物，以获取科学知识，加深对自然的了解和认识；模仿动物，以发明创新、拓展技能。

（2）联"园"涵养生态，促进生态良性发展：发挥食物链和食物网高端的调控作用，有助于提高维护公园城市生态系统的多样化与稳定性的能力；传播花粉、种子和微生物功能，促进公园城市中其他生物的传播和发展；改善土壤结构和水气条件，促进公园城市中植物和微生物生长；推动公园城市生命系统向更高级演化，驱动公园城市向生命化、协调化方向演化。

（3）"塑"城美化生活，创造美丽健康景观：其特有行为和活动能力，改变和增加公园城市的生态景观要素，使公园城市景观更为灵动与多样。对栖息地往往有特定的要求，是公园城市生态系统健康质量的重要标志物。

（4）兴"市"绿色低碳高质量生产，提高固碳固氮和绿色生产能力：促进物种循环和能量流动，加快公园城市生态要素的分配，增强生态系统的活力和调控能力，从而有效提高生态系统的固碳固氮和绿色生产能力。

在此，我们在可预见的未来，将看到一个野生动物更为丰富、生态系统结构更为完整、生态功能更为多样的公园城市。在公园城市里，人们享受着自然之美、灵动之美和和谐之美，向着美好生活迈出了坚实的一步。

参考文献

[1] 刘任远，张瑛，胡斌 . 公园城市 – 城市建设新模式的理论探索 [M]. 成都：四川人民出版社，2019.

[2] 史云贵，刘晓君 . 绿色治理：走向公园城市的理性路径 [J]. 四川大学学报：哲学社会科学版，2019，222（03）：38–44.

[3] 蒋志刚，马克平，韩兴国 . 保护生物学 [M]. 杭州：浙江科学技术出版社，2017.

[4] Vitousek P M, Mooney H A, Lubchenco J, et al.Human Domination of Earth's Ecosystems[J]. Science, 1997, 277（5325）：494–499.

[5] 蒋志刚，李春旺，彭建军，等 . 行为的结构，刚性和多样性 [J]. 生物多样性，2001，9（003）：265–274.

[6] 蒋志刚 . 动物行为学原理与物种保护方法 [M]. 北京：科学出版社，2004.

[7] Peng J, Jiang Z and Hu J, 2001. Status and conservation of giant panda（Ailuropoda melanoleuca）. Folia Zoologica, 50: 81–88.

[8] 丁长青，郑光美 . 黄腹角雉再引入的初步研究 [J]. 动物学报（S1）：5.

[9] 张国钢，郑光美，张正旺 . 山西五台山地区褐马鸡的再引入 [J]. 动物学报，2004（01）：128–134.

[10] 彭少麟 . 退化生态系统恢复与恢复生态学 [J]. 中国基础科学，2001，000（003）：18–24.

[11] 杨京平，卢剑波 . 生态恢复工程技术 [M]. 北京：化学工业出版社，2002.

[12] 任海，刘庆，李凌浩，刘占锋，等 . 恢复生态学导论（第三版）[M]. 北京：科学出版社，2019.

[13] 田园，胡慧建 . 城市动物恢复——广州"野生动物进城"的理念与实践 [J]. 园林，2012（3）：26–29.

[14] 马建章 . 城市野生动物管理问题的探讨 [J]. 园林，2012，000（003）：12–15.

[15] 李炜民 . 公园城市背景下的生态宜居环境营造 [J]. 园林，2021，38（01）：08–12.

[16] 赵建军，赵若玺，李晓凤 . 公园城市的理念解读与实践创新 [J]. 中国人民大学学报，2019，33（05）：39–47.

[17] 包维楷，陈庆恒 . 生态系统退化的过程及其特点 [J]. 生态学杂志，1999（02）：37–43.

[18] 张金屯，柴宝峰，邱扬，等 . 晋西吕梁山来村流域撂荒地植物群落演替中的物种多样性变化 [J]. 生物多样性，2000，8（4）：378–384.

[19] 许木启，黄玉瑶 . 受损水域生态系统恢复与重建研究 [J]. 生态学报，1998（05）：101–112.

[20] Howell E A, Harrington J A, Glass S B.Introduction to restoration ecology[M]. Island Press, 2012.

[21] Forman R, Godron M. Landscape Ecology[M]. Wiley, 1995.

[22] 邬建国 . 景观生态学：格局过程尺度与等级 [M]. 北京：高等教育出版社，2007：260.

[23] 赵珂，赵梦琳，王立清 . 生境生态系统规划——生态规划的一种途径 [J]. 西部人居环境学刊 .2018，33（02）：63–69.

[24] Black J M. Reintroduction and restocking: guidelines for bird recovery programmes[J]. Bird Conservation International. 1991, 1（4）：329–334.

[25] Zeller K A, Mcgarigal K, Whiteley A R.Estimating landscape resistance to movement: a review[J]. Landscape Ecology. 2012, 27（6）：777–797.

[26] 肖笃宁，李秀珍.景观生态学的学科前沿与发展战略 [J]. 生态学报 . 2003（08）: 1615–1621.

[27] 俞孔坚，李迪华.生物多样性保护的景观规划途径 [J]. 生物多样性 .1998.

[28] Ding D，Jiang Y，Wu Y，et al. Landscape character assessment of water–land ecotone in an island area for landscape environment promotion[J]. Journal of Cleaner Production. 2020, 259: 120934.

[29] Yuan X，Wang Y，Tang L，et al. Spatial distribution, source analysis, and ecological risk assessment of PBDEs in river sediment around Taihu Lake, China[J]. Environmental Monitoring and Assessment. 2020, 192（5）.

[30] 王智勇，李纯，黄亚平，等.城市密集区生态空间识别、选择及结构优化研究 [J]. 规划师 . 2017, 33（05）: 106–113.

[31] Storch D，Okie J G.The carrying capacity for species richness[J]. Global Ecology and Biogeography.2019, 28（10）: 1519–1532.

[32] Lambeck R J.Focal Species: A Multi–Species Umbrella for Nature Conservation[J]. Conservation biology. 1997, 11（4）: 849–856.

[33] 邓一荣，肖荣波，黄柳菁，等.城市生物多样性恢复途径与实例研究 [J]. 风景园林 . 2015（06）: 25–32.

[34] 梁颖瑜.珠江三角洲湿地公园设计研究 [D]. 广州: 华南理工大学，2015.

[35] 徐正春，袁莉，冯永军，等.基于物种落差分析的公园鸟类多样性提升设计——以湖南常德螺湾湿地公园为例 [J]. 生态学报 . 2019（19）: 1–9.

[36] Fang X，Wu R，Feng Y，et al. Enhancing bird diversity via species differential analysis at the Haizhu National Wetland Park in Guangzhou, China: a case study[J]. Restoration Ecology. 2021, 29（3）.

[37] 李桐.基于水鸟栖息地保护的珠江三角洲湿地公园设计研究 [D]. 广州: 华南理工大学，2017.

[38] 田家龙，钟立成，吕忠海.陆生野生动物栖息地分类体系研究 [J]. 野生动物学报 . 2019, 40（01）: 209–216.

[39] 游章强，蒋志刚.动物求偶场交配制度及其发生机制 [J]. 兽类学报 . 2004（03）: 254–259.

[40] 王强，袁兴中，刘红，等.基于河流生境调查的东河河流生境评价 [J]. 生态学报 . 2014, 34（06）: 1548–1558.

[41] Sherrouse B C，Semmens D J，Clement J M.An application of Social Values for Ecosystem Services（SolVES）to three national forests in Colorado and Wyoming[J]. Ecological Indicators. 2014, 36: 68–79.

[42] 吴健生，曹祺文，石淑芹，等.基于土地利用变化的京津冀生境质量时空演变 [J]. 应用生态学报 . 2015, 26（11）: 3457–3466.

[43] Xiao-Shan Fang，Shuang Liu，Wei-Zhi Chen1，Ren-Zhi Wu，An Effective Method for Wetland Park Health Assessment: A case study of the Guangdong Xinhui National Wetland Park in the Pearl River Delta, China [J]. Wetlands, 2021,（3）（in press）.

[44] 陈伟智.江门新会小鸟天堂国家湿地公园健康评价及设计优化研究 [D]. 广州: 华南理工大学，2017.

[45] Posey D.A. 1999. Cultural and spiritual values of biodiversity. A complementary contribution to the global biodiversity assessment. In D.A.Posey（ed.），Cultural and Spiritual Values of Biodiversity.UNEP and Intermediate Technology Publications: London，pp.1–19.

[46] Maffi L.On Biocultural Diversity: Linking Language，Knowledge，and the Environment. Washington，DC: Smithsonian Institution Press，2001.

[47] 毛舒欣，沈园，邓红兵.生物文化多样性研究

进展 [J]. 生态学报，2017，37（24）：8179-8186.

[48] http://www.uux.cn/viewnews-77507.html，2015年12月05日21：24.

[49] 朱剑峰. 跨界与共生：全球生态危机时代下的人类学回应 [J]. 中山大学学报（社会科学版），2019，（04）：133-141.

[50] 风景园林专业 2012~2014 级硕士班，华南理工大学建筑学院. 亚热带景观与生态调研——江门新会小鸟天堂（2014-2016）[R]. 2015.

[51] 方小山，王艺锦. 珠江三角洲城市群地区湿地公园生境营造途径思考 [J]. 西部人居环境学刊，2019，34（3）：42-52.

[52] 国家质量监督检验检疫，环境保护部总局. 声环境质量标准 [S]. 2008a.

[53] 国家质量监督检验检疫，环境保护部总局. 社会生活环境噪音排放标准 [S]. 2008b.

[54] 刘谓承，汪涛，赵建刚，等. 广东新会小鸟天堂鸟类多样性及保护策略 [J]. 生态科学. 2014，33（5）：955-962.

[55] 丁平，陈水华. 中国湿地水鸟 [M]. 北京：中国林业出版社，2008.

[56] 赵正阶. 中国鸟类志 [M]. 长春：吉林科学技术出版社，2001：192-194.

[57] 朱曦，邹小平. 中国鹭类 [M]. 杭州：浙江科学技术出版社，2001.

[58] Fang X S，Liu S，Chen W Z，et al. An Effective Method for Wetland Park Health Assessment：a Case Study of the Guangdong Xinhui National Wetland Park in the Pearl River Delta，China[J]. Wetlands，2021，41（4）：1-16.

[59] 彭波涌，胡军华，胡慧建. 西洞庭湖鸟类物种多样性分析 [J]. 四川动物，2006（04）：850-854.

[60] 马敬能，菲力普斯，何芬奇. 中国鸟类野外手册 [M]. 长沙：湖南教育出版社，2000.

[61] 郑光美. 中国鸟类分类与分布名录（第2版）[M]. 北京：科学出版社，2011.

图书在版编目（CIP）数据

公园城市建设中的动物多样性保护与恢复提升 / 胡
慧建，方小山主编 .—北京：中国城市出版社，
2023.12
（新时代公园城市建设探索与实践系列丛书）
ISBN 978-7-5074-3667-9

Ⅰ . ①公⋯　Ⅱ . ①胡⋯ ②方⋯　Ⅲ . ①城市—生物多
样性—生物资源保护—研究—中国　Ⅳ . ① X176

中国国家版本馆 CIP 数据核字（2024）第 005190 号

本书介绍了公园城市与野生动物的关系，野生动物恢复技术和方法，相关技术规范与指南以及
应用案例。
本书对从事生态修复和野生动物资源保护的同行和朋友们有所帮助，希冀共同为以人为本、美
丽宜居、人与动物和谐相处的公园城市建设发挥应有的贡献，对于从事城市管理、风景园林与景观
规划设计以及相关专业的决策者和技术人员具有重要的学习与参考价值。

丛书策划：李　杰　王香春
责任编辑：赵云波
书籍设计：张悟静
责任校对：赵　力

新时代公园城市建设探索与实践系列丛书

公园城市建设中的动物多样性保护与恢复提升
胡慧建　方小山　主编
*
中国城市出版社出版、发行（北京海淀三里河路 9 号）
各地新华书店、建筑书店经销
北京雅盈中佳图文设计公司制版
建工社（河北）印刷有限公司印刷
*
开本：787 毫米 ×1092 毫米　1/16　印张：9³/₄　字数：165 千字
2024 年 3 月第一版　2024 年 3 月第一次印刷
定价：**98.00** 元
ISBN 978-7-5074-3667-9
　　（904678）

版权所有　翻印必究
如有内容及印装质量问题，请联系本社读者服务中心退换
电话：(010) 58337283　QQ：2885381756
（地址：北京海淀三里河路 9 号中国建筑工业出版社 604 室　邮政编码：100037）